楽しく学ぶ
破壊力学

成田 史生・大宮 正毅・荒木 稚子［著］

朝倉書店

執　筆　者

成 田 史 生	東北大学 教授（大学院環境科学研究科）
大 宮 正 毅	慶應義塾大学 教授（理工学部機械工学科）
荒 木 稚 子	東京工業大学 教授（工学院機械系科）

まえがき

材料は遅かれ早かれ壊れる運命にある．子供の頃，シャボン玉を楽しんだことがあるが，石けん液の薄膜でできているシャボン玉は間違いなく壊れて消える．一方，人間社会を便利にしてくれる機械や構造物は金属，セラミックス，プラスチックあるいはそれらの複合材料などで構成されているが，これらが壊れれば，機能が損なわれて不便を強いられるだけでなく，人命が奪われることにもなりかねない．実際に過去を振り返ってみると，材料の予期しない破壊で様々なトラブルや事故が起きており，悲惨な人的災害に発展して設計者の頭を悩ませている．

材料がなぜ破壊するかという理由を理解することは思った以上に難しく，その試みによって誕生した学問が「破壊力学」である．破壊の原因は材料にはじめから含まれる欠陥あるいは使用中に生じる欠陥にあり，「破壊力学」はそのような欠陥の存在を認めたうえで材料の変形や破壊を連続体力学に基づいて体系化したものである．原理が確立されたのは，第 2 次世界大戦以降で，そんなに昔のことではない．起源はアラン・アーノルド・グリフィスやジョージ・ランキン・アーウィンらの研究である．いまでは，「破壊力学」を利用して材料の寿命を予測し，使用期間を予測寿命以下に制限する設計まで行われている．

書店や図書館で「破壊力学」の教科書をめくってみると，レベルの高い専門書ばかりで，演習問題などを含んだ初級レベルの教科書はあまりないようである．本書は，著者らの大学・大学院における講義の経験に基づき，材料の巨視的な線形破壊現象についての基礎をコンパクトにまとめたもので，材料力学を修得し終えた学部学生や高等専門学校の学生を読者対象としている．また，破壊の微視的側面にも触れて破壊問題全般をまんべんなく扱い，巨視的視点と微視的視点の両面から材料の強度設計および安全性・信頼性評価に言及した「材料強度学」の入門書としても使用できるように配慮した．

本書では，高度な数学を最小限に抑え，平易な表現・文章を多用して読みやすくし，各章の冒頭に 4 コマ漫画を導入した．また，本文の途中に例題やコラム・ミニ実験を，脚注には行間で伝えたいコメントを載せて，読者が「破壊力学」あるいは「材料強度学」の勉学に興味をもって取り組めるよう工夫した．さらに，各章のおわりには理解をより一層深められるように演習問題を配し，解答を朝倉書店 HP の本書サポートページに掲載する予定である[*1]．そして，付録には線形破壊現象から少し離れた 3 つの話題を提供し，知識を広げるための支援をしたつもりである．

著者らの不勉強の結果，重要な概念を単純化しすぎ，説明に厳密さを欠いてしまった部分もあるかもしれない．読者の忌憚なきご意見を乞う．なお，本書を理解する上で基礎となる材料力学については，拙著『楽しく学ぶ材料力学』（朝倉書店，2017 年）を参照されたい．

最後に，これまでに出版された「破壊力学」や「材料強度学」に関する多くの優れた書物を参考にさせていただいた．全てを挙げることはできないが，それらの一部を巻末に挙げ，各著者に深い謝意を表す．また，秋田県立大学 システム科学技術学部 水野 衛 教授には，原稿を通読いただき，貴重なご意見を賜った．ここに記して感謝申し上げる．他にも，原稿を読んで助言をくれた著者らの所属する研究室の学部学生・大学院生，ならびに 4 コマ漫画のモデルをこころよく引き受けてくれた研究室元メンバーの Marina Fox 氏と応 佳婧 氏に厚くお礼を言いたい．

2020 年 3 月

著 者 一 同

[*1] http://www.asakura.co.jp/

目　　次

第1章 材料の変形と破壊

1.1　材料の挙動——巨視レベルと微視レベル

植物や動物，人間がつくり出した機械や構造物は，外部からの力，すなわち外力に耐えることを目的とする材料の集合体である．機械や構造物に用いられる部材が外力を受けたとき，材料がどのように変形（deformation）あるいは破壊（fracture）するか，巨視的・微視的観点から考えてみよう.

あらゆる材料は，力の作用により何らかの変形を起こすが，生じる変形量に差がある．例えば，ガラスやセラミックスは変形量が小さく，ゴムやプラスチックは変形量が大きい．鉄鋼などの金属材料はどうだろうか.

固体は原子や分子が集まってできている．原子や分子が広範囲にわたって規則的に配列している固体を結晶といい，1 つの結晶からできている固体は単結晶，多数の結晶の粒（結晶粒）からできている固体は多結晶と呼ばれる．金属材料の大部分は多結晶である（図 1.1）．

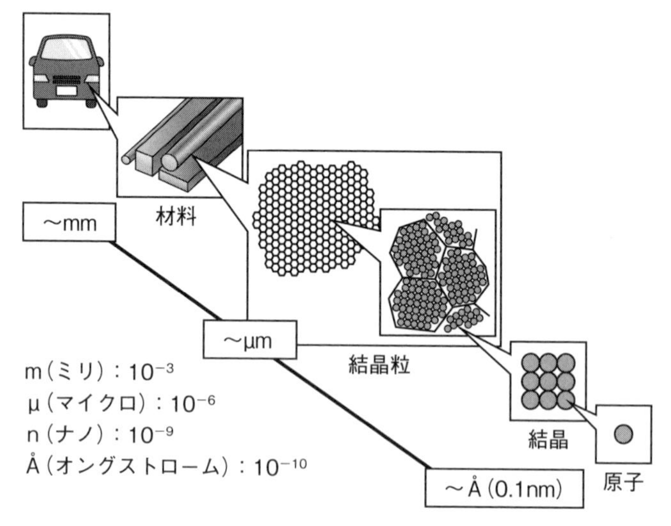

図 1.1　固体のマルチスケール

材料は，原子同士または分子同士の結合力によって凝集しているので，力を受けると伸び縮みするが，それを構成している原子または分子も同じ比率で互いに離れたり近づいたりする．図 1.2(a) は単結晶の 2 次元モデルに外力を加えて伸ばした場合の変形の様子を示したものである．外力が小さければ（変形中），単結晶は外力を取り去ると元の形に戻る．このような可逆的な性質を**弾性** (elasticity) といい，そのような変形は**弾性変形** (elastic deformation) と呼ばれる[*1]．一方，図 1.2(b) のようにずらした場合，単結晶は，外力が小さければ，

[*1] 実験で最初に確かめたのは，英国の物理学者で顕微鏡を使った博物学者でもあるロバート・フック（1635～1727）のようです．フックは，様々な材料でできたばねやワイヤーに次々に錘を吊るして変形量を測り，実験結果を論文にまとめて発表しました（1678 年）．論文中の有名な一節「ばねの力はその伸びに比例する」はフックの法則として知られています．フックは材料の微視レベルでもこのような現象が起きているということを理解していたようです．

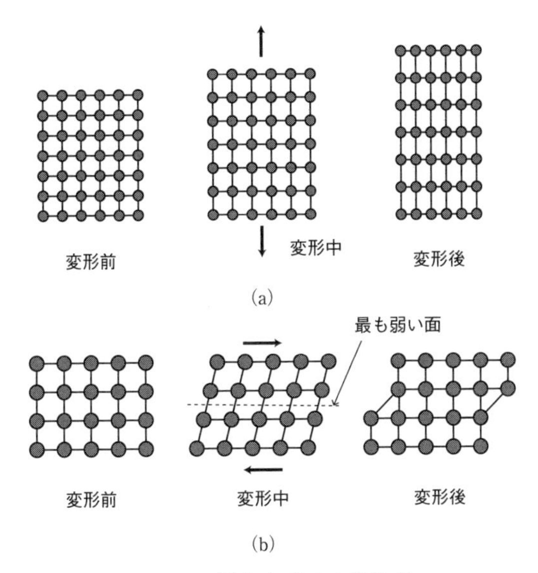

図 1.2　外力を受ける単結晶

外力を取り去ると元の形に戻るが，外力が大きいと，たまたま最も弱い面に沿って上下の原子列がずれ（変形後），元の形に戻らない可能性がある．このようにいったんずれてしまうと，結晶には永久変形が生じ，この性質は**塑性**（plasticity）と呼ばれている．また，そのような変形を**塑性変形**（plastic deformation）という．

外力などによって材料が 2 つ以上に分かれる現象を破壊と呼ぶ．あらゆる機械や構造物は破壊しないように工夫してつくられる必要があり，そのため設計者は材料を意図的に破壊して様々な現象を調べたりする．材料を破壊させるには，外力が原子間の結合力を超える必要がある．図 1.3 に示すように，欠陥のない理想的な単結晶の原子同士または分子同士が分離する場合を考えると，結晶の理論強度*2 が求まるが，一般に機械や構造物の部材に使用される材料の強さは理論強度よりもはるかに小さい．

*2　付録 A.1 で紹介します．

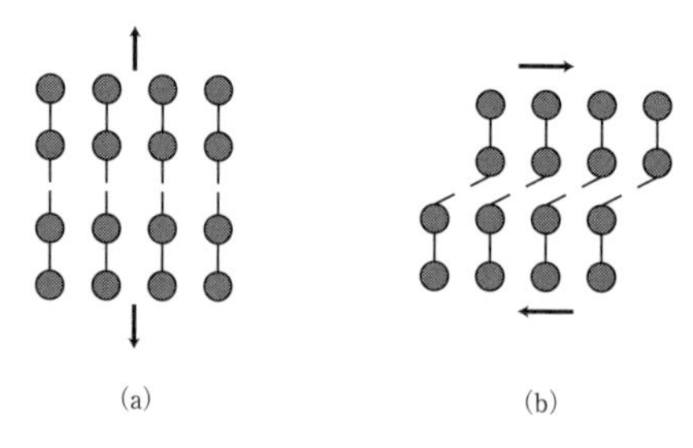

図 1.3　単結晶の分離

食べ物の引っ張りとねじり

キュウリを引っ張ったり曲げて折ったりしたことはありますか．キュウリを引っ張ったり折ったりすると，真っ二つに割れ，このときの断面は側面に対して 90° になります．ところが，キュウリをねじって折ると，キュウリはらせん状に壊れます．このとき，らせんの角度は側面に対して 45° になっています．

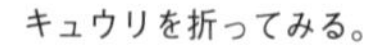

一方，お餅を引っ張るとくびれながら壊れます．くびれは実は 45° の傾きを持っています．また，お餅をねじって壊すと，断面は 90° になります．なぜ材料は 90° で壊れたり，45° で壊れたりするのでしょう．なぜキュウリとお餅は全く逆の壊れ方になるのでしょう．この違いは，材料内部で生じる力の分布で決まります．5 章で詳しく説明します．

材料の巨視的な挙動はその材料の微視レベルあるいは原子・分子レベルでの構造に極めて強く依存する．したがって，材料の破壊挙動を調べるには，材料の原子配列まで考慮しなければならなくなるが，材料の微視レベルあるいは原子・分子レベルにまで立ち入って破壊を考えることは困難である．

本書では，材料の巨視レベルにおける破壊挙動について解説し，必要に応じて微視レベルでみた破壊挙動にも言及する．なお最近，科学技術の発展に伴い，様々な最先端の材料が巨視・微視レベルあるいは原子・分子レベルで設計・開発され，機械・構造物が進歩してきている．さらなる未知の新材料を設計・開発していくには，各レベル間で生じる現象をマルチスケール（図 1.1）で結び付け，材料の挙動を明らかにする必要があるが，これは現在発展中の分野である．

1.2 応力とひずみの役割

材料の破壊を巨視レベルで調べるとき，応力（stress）とひずみ（strain）を用いると便利である．特に，応力という概念は材料の破壊の予測に役立つ．

図 1.4(a) に示すように，水平方向右向きに x 軸をとり，一様な断面積 A_1, A_2 の部材 1, 2 を考える．例として，部材は x 方向に荷重 P_x の外力で引っ張られている棒とする．荷重 P_x を受ける断面積 A の棒には，軸に垂直な横断面[*3]

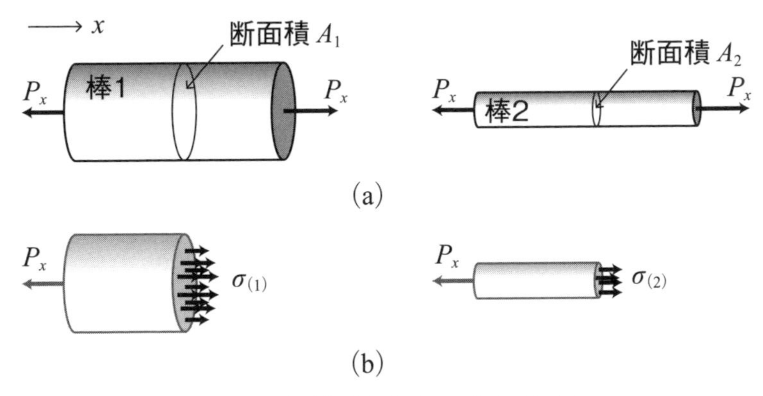

図 1.4　引張荷重を受ける一様断面の棒

[*3] x 面，すなわち法線が x 方向の面．

に**垂直応力**（normal stress）

$$\sigma = \frac{P_x}{A} \tag{1.1}$$

が作用するので，棒 1, 2 の断面（図 1.4(b)）に生じる垂直応力は，それぞれ $\sigma_{(1)} = P_x/A_1$, $\sigma_{(2)} = P_x/A_2$ と表すことができる[*4]．一般に，断面積が小さい細い棒ほど，破壊しやすく，応力は大きい（$\sigma_{(1)} < \sigma_{(2)}$）．すなわち，同一の材料の棒に同じ引張荷重が作用する場合でも，形状や寸法の違い[*5]により，壊れやすさが異なる．このように，材料の強度（強さ）は応力を用いて議論することができる[*6]．

一方，長さ l の棒が引張荷重を受けて変形し，軸方向に伸び λ を生じて全長が $l+\lambda$ になったとき，**垂直ひずみ**（normal strain）は

$$\varepsilon = \frac{\lambda}{l} \tag{1.2}$$

と書ける[*4]．したがって，図 1.5 のような長さ l_1, l_2 の棒に，外力として同じ変形量（伸び）λ を与えても，垂直ひずみは，それぞれ $\varepsilon_{(1)} = \lambda/l_1$, $\varepsilon_{(2)} = \lambda/l_2$ となり，短い棒ほど大きい．

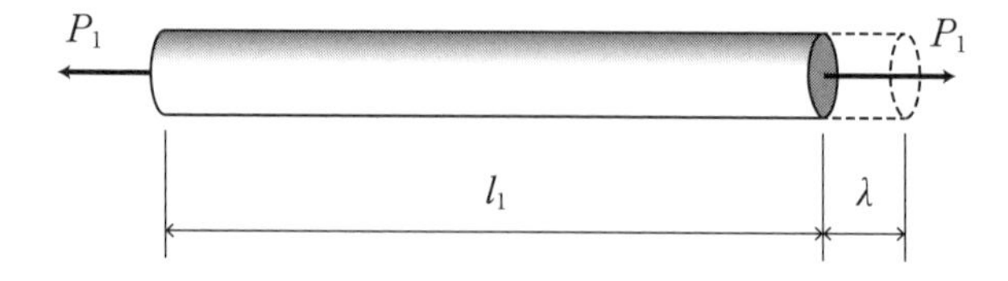

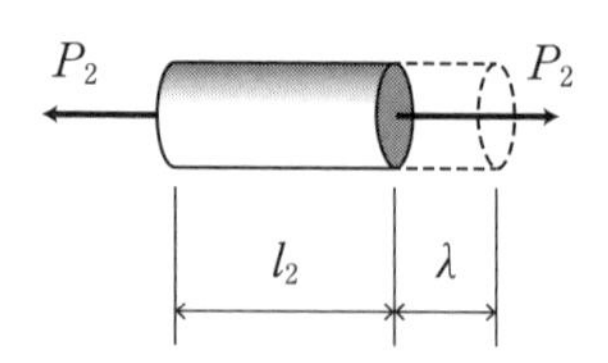

図 1.5　引張変形を受ける一様断面の棒

[*4] 本書では，荷重を変形前の断面積で割った公称応力を用います．同様に，伸びを変形前の長さで割った公称ひずみで考えます．変形中の断面積，長さを考慮した真応力，真ひずみではありません．なお，棒 1, 2 の応力やひずみを添え字（括弧付き）を付けて区別します．

[*5] ここでは断面積．

[*6] 荷重では材料の強度を表現できませんよ．断面積が大きいほど，大きな荷重に耐えることができるからです．

1.3　降伏と破壊——材料が降参して白旗を振るとき

材料の力学的性質を把握するため，よく単軸引張試験[*7]が行われる．図 1.6 は棒状の材料に対して行った引張試験の結果（応力–ひずみ線図）を示したものであり，通常同じ材料に対してはほぼ同一の曲線が得られる[*8]．初期断面積 A の材料に作用する荷重 P を徐々に増やしていくと，荷重は点 Y で弾性を示す限界値 P_{Y} に達し，材料は**降伏**（yielding）する．このときの応力 $\sigma_{\mathrm{Y}} = P_{\mathrm{Y}}/A$ を**降伏応力**（yield stress）という．応力が点 Y を超えると，荷重を取り去っても，材料は元の形に戻らず，ひずみが残る．機械や構造物は，降伏して材料に永久ひずみが生じると，寸法の狂いなどが生じて使い物にならない．したがって，機械や構造物を設計するにあたっては，条件

$$\sigma \geq \sigma_{\mathrm{Y}} \tag{1.3}$$

を満足しないように，材料を選定して，形状と寸法を決定する必要がある．

一方，図中の点 B における応力 σ_{B} は**引張強さ**（tensile strength）を表しており，この材料は σ_{B} 以上の応力に耐えることができない．したがって，条件[*9]

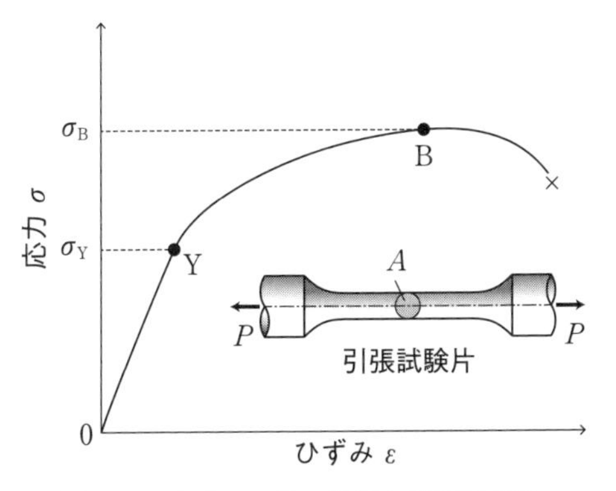

図 1.6　応力–ひずみ線図と引張試験片

*7　単軸引張とは，一方向に引っ張るという意味です．

*8　実際は，同じ材料を用いても，同じ応力–ひずみ線図を得るのは簡単ではありません．

*9　材料が耐えうる最大の応力を引張強さとします．破断時の応力ではありません．材料を使用する立場からは，耐えうる最大の応力を強度と定義しておく方が都合良いからです．

$$\sigma \geq \sigma_B \tag{1.4}$$

を満足しない設計が求められる．

通常，降伏や破壊といった現象を**破損**（failure）として捉え，材料の種類に応じて，設計を式 (1.3) または式 (1.4) で行う．式 (1.3)，(1.4) より，材料の破損を防ぐには，作用する応力が降伏応力 σ_Y または引張強さ σ_B 未満になるように，断面積 A を大きくするか，材料にかかる荷重 P を小さくする必要がある[*10]．

例題 1.1

直径 10 mm の丸棒を 30 kN で引っ張る場合を考える．丸棒に生じる垂直応力 σ を求めよ．また，この丸棒の引張強さを 400 MPa とした場合[*11]，この丸棒は破断するか否か判定せよ．

解答 1.1

垂直応力は，$\sigma = \dfrac{30 \times 10^3}{\pi\left(10 \times 10^{-3}/2\right)^2} = 382$ MPa．$\sigma_B = 400$ MPa であるから，式 (1.4) を満足しない．したがって，この丸棒は破断しない．■

1.4　応力とひずみの関係——変形のしにくさ

図 1.7 に示す直交座標系 O–xyz において，引張荷重 P_x により長さ l，断面積[*12] A_x の部材内微小要素に伸び λ が生じる場合を考える．部材内微小要素 ABCD の横断面には，式 (1.1) で定義したように垂直応力が作用しており，これを

$$\sigma_{xx} = \frac{P_x}{A_x} \tag{1.5}$$

---

*10　英国や米国のエンジニアたちは 1950 年頃から橋などの設計に構造計算を取り入れはじめました．構造物中に生じる最大引張応力を計算し，材料の降伏応力や引張強さを超えないようにしていましたが，確実を期すために，計算で求めた最大引張応力に係数 $S(= 3 \sim 8)$ をかけ，$\sigma \geq \sigma_Y/S, \sigma \geq \sigma_B/S$ を用いて設計していました．この S を安全率と呼びます．

*11　M（メガ）: 10^6．単位 Pa は N/m^2 です．

*12　法線が x 方向の面です．

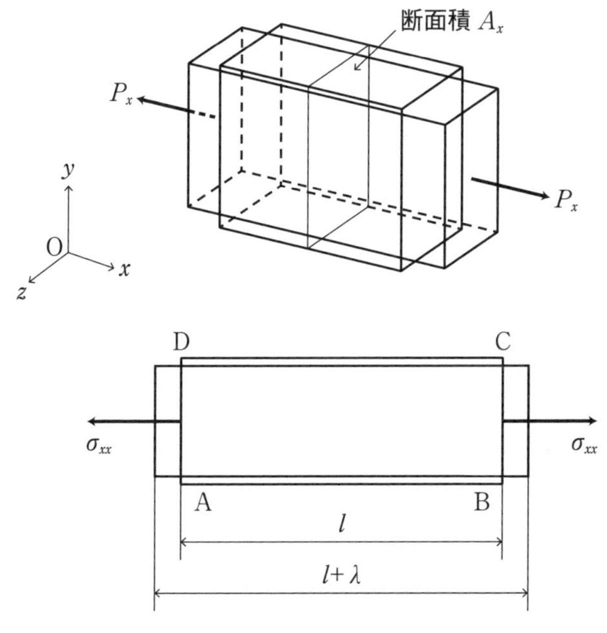

図 1.7 垂直ひずみ

と書くことにする*13．同様に垂直ひずみも作用しており，

$$\varepsilon_{xx} = \frac{\lambda}{l} \tag{1.6}$$

と書く*14．図 1.7 の下図のように外向きに生じている垂直応力は**引張応力**（tensile stress）と呼ばれ，図には示していないが，圧縮荷重によって，部材の内部へ向かった方向に生じる垂直応力を**圧縮応力**（compressive stress）という．また，部材が伸びたときに生じる垂直ひずみは**引張ひずみ**（tensile strain），縮んだときに生じる垂直ひずみは**圧縮ひずみ**（compressive strain）と呼ばれる．

次に，図 1.8 のように，荷重によって部材にずれが生じる場合を考える．部材内微小要素 ABCD には**せん断応力**（shearing stress）$\sigma_{xy} = \sigma_{yx}$ が作用しており，点 B，点 D は，それぞれ微小角度 γ_1, γ_2 だけずれ，距離 u_2, u_1 だけ移動

*13 下付き添え字の 1 つ目の文字は応力の作用する面を，2 つ目の文字は応力の作用する方向を示しています．"xx" は「x 面における x 方向」という意味です．

*14 厳密には，変形による部材内の位置の変化（変位）のベクトルの x 方向成分を u_x とおいて，$\varepsilon_{xx} = \partial u_x / \partial x$ と書きます．

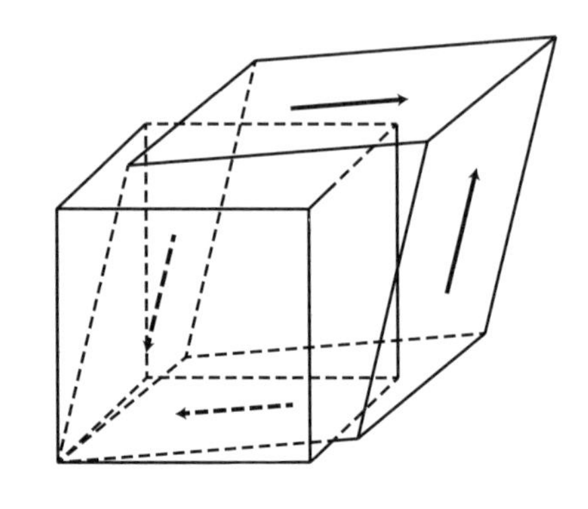

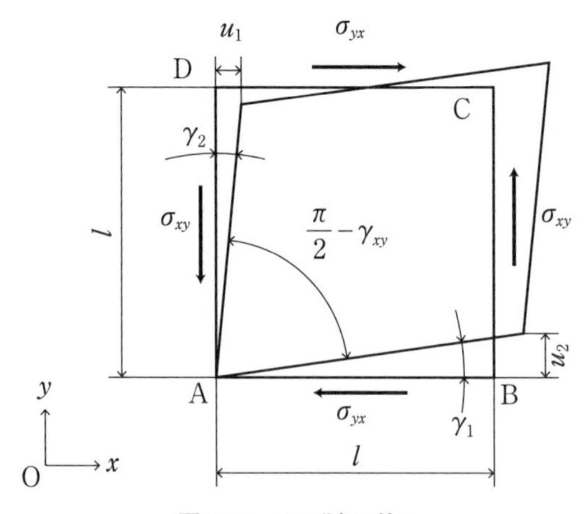

図 1.8　せん断ひずみ

している．角度変化 γ_{xy} は，工学的せん断ひずみ（shearing strain）と呼ばれ，

$$\gamma_{xy} = \gamma_1 + \gamma_2 = \frac{u_2}{l} + \frac{u_1}{l} = \gamma_{yx} \tag{1.7}$$

と近似できる[*15]．

いま，図 1.7 のように，材料を x 方向に引っ張る場合を考える．材料が降伏する前の応力–ひずみ線図において，垂直応力 σ_{xx} と垂直ひずみ ε_{xx} の関係は

$$\varepsilon_{xx} = \frac{1}{E}\sigma_{xx} \tag{1.8}$$

で与えられる．ここで，E を**縦弾性係数**（modulus of elasticity）またはヤン

[*15] 厳密には，$\gamma_{xy} = \partial u_y/\partial x + \partial u_x/\partial y$ です．

グ率（Young's modulus）という．一般に，材料を y 方向および z 方向に引っ張ると x 方向に縮むので，材料のポアソン比（Poisson's ratio）を ν とする[*16]と，ひずみ ε_{xx} は縮む分を差し引いて

$$\varepsilon_{xx} = \frac{1}{E}\sigma_{xx} - \frac{\nu}{E}\sigma_{yy} - \frac{\nu}{E}\sigma_{zz} \tag{1.9}$$

と書ける．同様に

$$\varepsilon_{yy} = -\frac{\nu}{E}\sigma_{xx} + \frac{1}{E}\sigma_{yy} - \frac{\nu}{E}\sigma_{zz} \tag{1.10}$$

$$\varepsilon_{zz} = -\frac{\nu}{E}\sigma_{xx} - \frac{\nu}{E}\sigma_{yy} + \frac{1}{E}\sigma_{zz} \tag{1.11}$$

が得られる．

縦弾性係数は，応力–ひずみ線図の初期の傾きで，材料がどの程度変形しにくいかを表す．また，式 (1.5) を式 (1.8) に代入してひずみ ε_{xx} を求め，式 (1.6) に代入すると，伸び λ は

$$\lambda = \frac{P_x l}{A_x E} \tag{1.12}$$

となる．分母の断面積と縦弾性係数の積は，**引張剛性**（tensile stiffness）または**圧縮剛性**（compressive stiffness）と呼ばれ，材料と形状でどの程度変形しにくくなるかを表す[*17]．

一方，せん断応力 σ_{xy} とせん断ひずみ $\varepsilon_{xy} = \gamma_{xy}/2$ の関係は

$$\varepsilon_{xy} = \frac{1}{2\mu}\sigma_{xy} \tag{1.13}$$

で与えられ，同様に

$$\varepsilon_{yz} = \frac{1}{2\mu}\sigma_{yz} \tag{1.14}$$

$$\varepsilon_{zx} = \frac{1}{2\mu}\sigma_{zx} \tag{1.15}$$

が得られる．ここで，μ を**横弾性係数**（modulus of rigidity）または**せん断弾性係数**（shear modulus of elasticity）という[*18]．一般にどの方向にも同じ性

[*16] y 方向に引っ張ったときの垂直ひずみ ε_{yy} とそのときの x 方向垂直ひずみ ε_{xx} との比は $\nu = -\varepsilon_{xx}/\varepsilon_{yy}$ で与えられます．

[*17] 曲がりにくさを曲げ剛性，ねじりにくさをねじり剛性といいます．

[*18] 材料力学の教科書では，一般に G を用います．

質を持つ等方性弾性体の場合，縦弾性係数，横弾性係数およびポアソン比は

$$\mu = \frac{E}{2(1+\nu)} \tag{1.16}$$

の関係で結ばれている．したがって，等方性弾性体の場合，独立な係数は 2 つである[*19]．

3 次元の応力とひずみの関係を行列表示すれば

$$\begin{Bmatrix} \varepsilon_{xx} \\ \varepsilon_{yy} \\ \varepsilon_{zz} \\ 2\varepsilon_{yz} \\ 2\varepsilon_{zx} \\ 2\varepsilon_{xy} \end{Bmatrix} = \begin{bmatrix} 1/E & -\nu/E & -\nu/E & 0 & 0 & 0 \\ -\nu/E & 1/E & -\nu/E & 0 & 0 & 0 \\ -\nu/E & -\nu/E & 1/E & 0 & 0 & 0 \\ 0 & 0 & 0 & 1/\mu & 0 & 0 \\ 0 & 0 & 0 & 0 & 1/\mu & 0 \\ 0 & 0 & 0 & 0 & 0 & 1/\mu \end{bmatrix} \begin{Bmatrix} \sigma_{xx} \\ \sigma_{yy} \\ \sigma_{zz} \\ \sigma_{yz} \\ \sigma_{zx} \\ \sigma_{xy} \end{Bmatrix} \tag{1.17}$$

となる．

例題 1.2

次の問に答えよ．

問 1　式 (1.17) において，$\sigma_{zz} = 0$ と仮定したとき，ひずみ $\varepsilon_{xx}, \varepsilon_{yy}$ を σ_{xx}, σ_{yy} を用いて示せ．

問 2　式 (1.17) において，$\varepsilon_{zz} = 0$ と仮定したとき，ひずみ $\varepsilon_{xx}, \varepsilon_{yy}$ を σ_{xx}, σ_{yy} を用いて示せ．

問 3　問 1 または 2 の状態を仮定し，縦弾性係数が $E = 200$ GPa で[*20] ポアソン比が $\nu = 0.3$ の材料に $\sigma_{xx} = 200$ MPa, $\sigma_{yy} = 0$ MPa の負荷を与えた．このとき，ε_{xx} を求めて両者を比較せよ．

解答 1.2

問 1　式 (1.9),(1.10) に $\sigma_{zz} = 0$ を代入すると

$$\begin{aligned} \varepsilon_{xx} &= \frac{1}{E}(\sigma_{xx} - \nu\sigma_{yy}) \\ \varepsilon_{yy} &= \frac{1}{E}(\sigma_{yy} - \nu\sigma_{xx}) \end{aligned} \tag{a}$$

[*19] 引張試験で E と ν を測れば，μ が求まります．

[*20] G（ギガ）：10^9．

問 2　式 (1.11) に $\varepsilon_{zz}=0$ を代入すると，$\sigma_{zz}=\nu(\sigma_{xx}+\sigma_{yy})$．これを式 (1.9), (1.10) に代入して整理すると

$$\begin{aligned}\varepsilon_{xx}&=\frac{1-\nu^2}{E}\left(\sigma_{xx}-\frac{\nu}{1-\nu}\sigma_{yy}\right)\\ \varepsilon_{yy}&=\frac{1-\nu^2}{E}\left(\sigma_{yy}-\frac{\nu}{1-\nu}\sigma_{xx}\right)\end{aligned}\tag{b}$$

問 3　式 (a) に $E=200$ GPa, $\nu=0.3$, $\sigma_{xx}=200$ MPa, $\sigma_{yy}=0$ MPa を代入すると，$\varepsilon_{xx}=1.00\times10^{-3}$．同様に式 (b) に代入すると，$\varepsilon_{xx}=0.91\times10^{-3}$．同じ負荷を与えても，問 1 の仮定の方がひずみは大きくなる．■

布の引っ張り・せん断

皆さん，両手で四角いハンカチを引っ張ってみて下さい．縦糸[*21]や横糸[*22]にできるだけ沿った方向に引っ張ってみると，ハンカチはわずかしか伸びませんね．これを「引っ張りに対する剛性が高い」といいます．よく見ると，引っ張りに伴う横方向の縮みもわずかです．これはポアソン比が小さいということです．

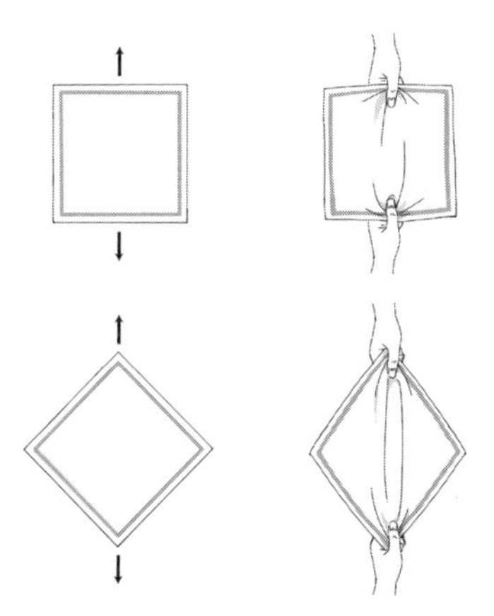

さて，次にハンカチを糸の方向に対して 45° の方向に引っ張ってみましょう．先ほどに比べ，伸びははるかに大きくありませんか？　横方向にも大きく縮みませんか？　縦弾性係数が小さく，ポアソン比が大きい

*21　布の巻き取り方向に平行な糸．
*22　縦糸に直交する糸．

ということです.

布で何かをつくるときは，応力をできる限り縦糸や横糸に沿った方向に作用させるようにすれば，ひずみを小さくできます．一方，布地の45° 方向における小さな縦弾性係数と大きなポアソン比を利用すると，ひずみを大きくすることができます．例えば，布自体の重さで生じる横方向の大きな縮みを利用すれば，密着する効果が生まれるので，身体にフィットした服がつくれます.

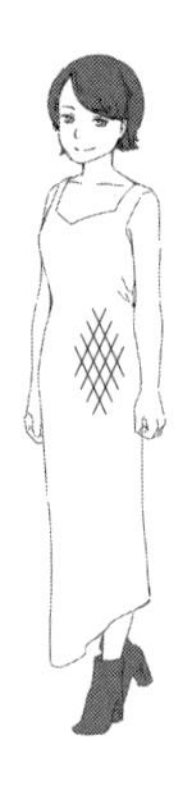

1.5　脆さとねばさ

ガラスは，適度な剛性や硬さ[*23]を持っている材料であり，建物や電車の窓に広く用いられている．しかし，先の尖った硬い鉱物（一般にはダイヤモンド）で引っかき傷を付け，その傷を広げるように荷重を与えると，ガラスはほとんど変形せずに（伸びずに）割れてしまう．ガラスのように，傷などがあればそこを起点に簡単に割れてしまう[*24]破壊形態を**脆性破壊**（brittle fracture）と呼ぶ.

[*23] 材料を押し付けたりしたときの変形のしにくさを表します．硬さを調べる方法はたくさんありますが，剛性とは異なり材料の表面に注目しているようです．調べる方法によって単位が異なります．極めて小さな力で材料の表面を押し付けて nm オーダーのくぼみから硬さを知ることもでき，材料の微視組織構造解析や薄膜の力学特性評価に利用されています.

[*24] 欠陥があるとその材料の強度が急激に低下する場合を「欠陥に対する抵抗が低い」といいます.

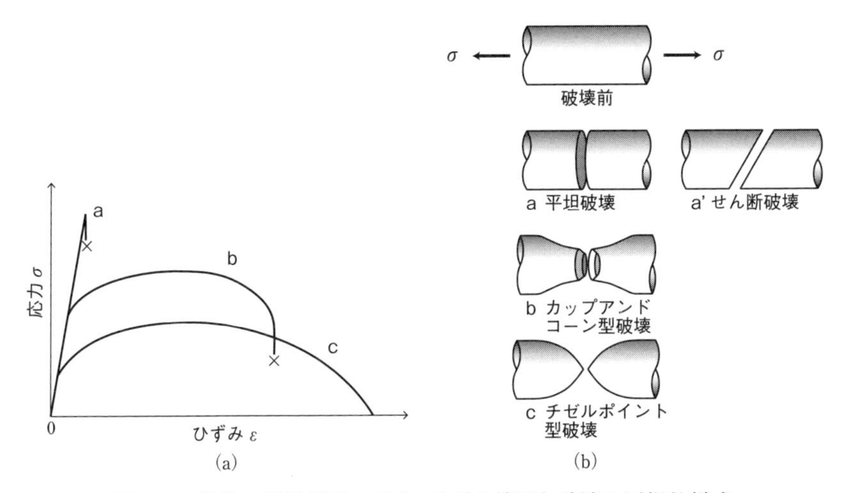

図 1.9 脆性・延性材料の応力–ひずみ線図と破壊の巨視的様式

ガラスは代表的な脆性破壊を生じる材料すなわち**脆性材料**（brittle material）である．脆性材料の応力とひずみの関係は，図 1.9(a) の曲線 a のように表され，割れた面の表面は，図 1.9(b) の a のように平滑で，一般にへき開破面と呼ばれる．図 1.9(b) の a′ は，せん断応力が最大となる方向に破面を形成するもので，単結晶によく見られ，せん断型と呼ばれる．

一方，材料表面に傷があったとしても，その傷を起点に瞬間的に破壊が生じない材料がある．例えば，スーパーやコンビニエンスストアのレジ袋である．傷が入ったレジ袋に荷重を与えても，傷を起点に切断面は広がるが，完全に引き裂くまでには荷重を与えつづけて大きく変形させなければならない．このような破壊形態を**延性破壊**（ductile fracture）といい，延性破壊を示す材料は**延性材料**（ductile material）と呼ばれる．延性材料の応力とひずみの関係は図 1.9(a) の曲線 b, c のように表される．曲線 b は，合金化，熱処理などで強化された実用的な材料の挙動を示し，応力が最大値に達した後に局所くびれが発生し，塑性変形してやがて破断する．破面は，中央が微小な穴の合体，外周部はせん断型の破壊で，カップアンドコーン型（図 1.9(b) の b）と呼ばれる．曲線 c は，純金属のような軟らかい材料の挙動を示し，変形によりくびれが進行して，最終的にくびれ部の面積が 0 となって分離する．このような破壊をチゼルポイント型（図 1.9(b) の c）と呼ぶ．一般に脆性破壊は一瞬にして壊滅的な破壊に至るので危険な破壊，延性破壊は最終破壊に至るまでに時間がかかるので安全な破壊と考えられている．

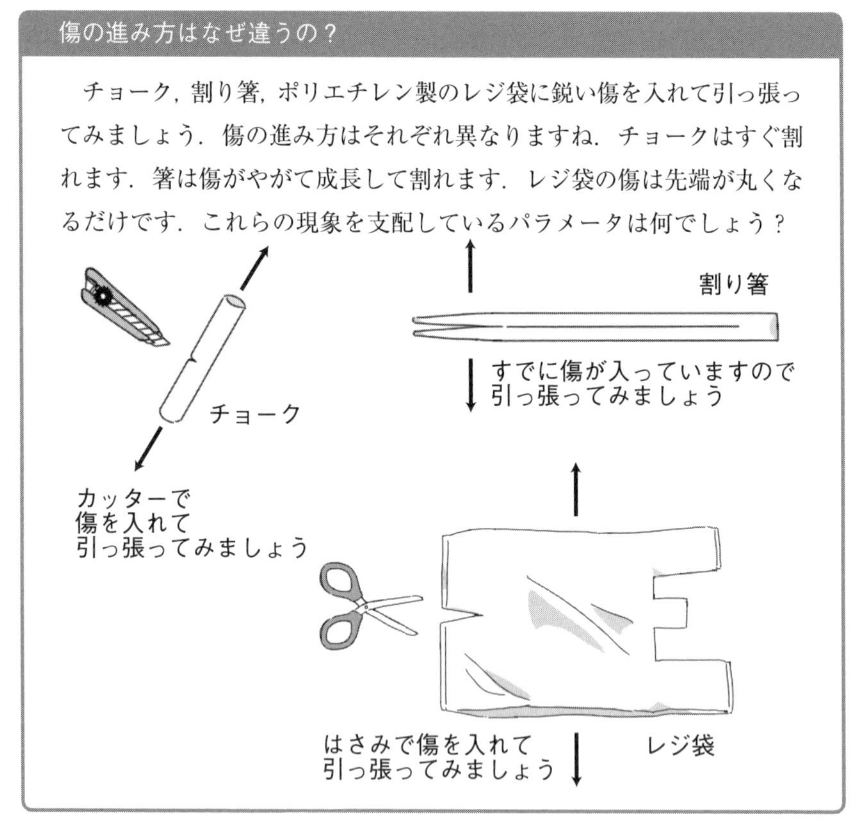

脆性材料と延性材料は，破壊の挙動で区別され，何らかの材料物性値で定量的に定義することはそれほど簡単ではない．また，1 つの材料でも環境温度によって脆性破壊する場合と延性破壊する場合がある[*25]．例えば，低・中強度の鉄鋼材料は，低温において脆性破壊するにもかかわらず，温度の上昇に伴い延性破壊するようになる．この脆性破壊から延性破壊へと破壊モードが切り替わ

---

*25　例えば，千歳飴を折ることを想像してみて下さい．千歳飴は低温では脆性材料，高温では延性材料です．

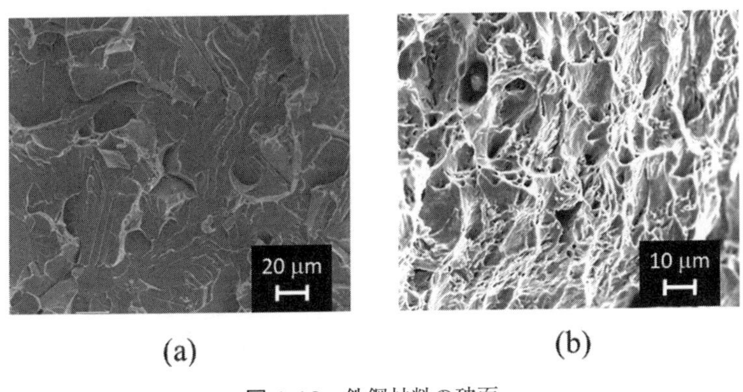

図 **1.10**　鉄鋼材料の破面

る温度を**遷移温度**（transition temperature）と呼んでいる[*26]．さらに，ひずみ速度[*27]の減少に伴い，温度上昇と同様の脆性–延性遷移が生じる場合もあるが，いずれも降伏応力の減少によりもたらされる結果である．

脆性破壊と延性破壊の違いは破面にも現れる．先に述べたように，脆性破壊の破面はへき開破面が多いが，結晶粒界（結晶粒間の境界）に沿って破壊した場合は，比較的凹凸のある破面となる．一方，延性破壊の場合は破面の凹凸が激しい．図 1.10 は鉄鋼材料の破壊後の破面で，(a) は脆性破面，(b) は延性破面である．破壊の形態，特に破面の特徴を調べることで，破壊の原因，メカニズム，過程などの考察が可能となる．このような破面解析は，フラクトグラフィーと呼ばれ，事故解析の有力な手段の一つである．

1.6　圧縮を受ける構造から引っ張りを受ける構造へ

エジプトのピラミッドやローマのガール橋など，古代の建造物は今なお健在

---

*26　鉄鋼材料の遷移温度に関する知識が十分でなかった時代に，輸送機器の壊滅的破壊が生じる例がありました．最も典型的な事例が第 2 次世界大戦中に米国で建造されたリバティ船の破壊です．従来のリベット接合から溶接による接合に変わり，輸送船の完成までの日数を大幅に縮めることが可能となって，大量の輸送船が建造されました．ところが，アラスカ沖などで突然船体が破断する事故が多発したのです．その原因の 1 つが船体を構成していた鉄鋼材の遷移温度の値にありました．北方の冷たい海で船の部材は脆性破壊を引き起こす状態にあったようです．

*27　ひずみ速度とは，ひずみの時間的変化の割合，いいかえると「変形させる速さ」です．

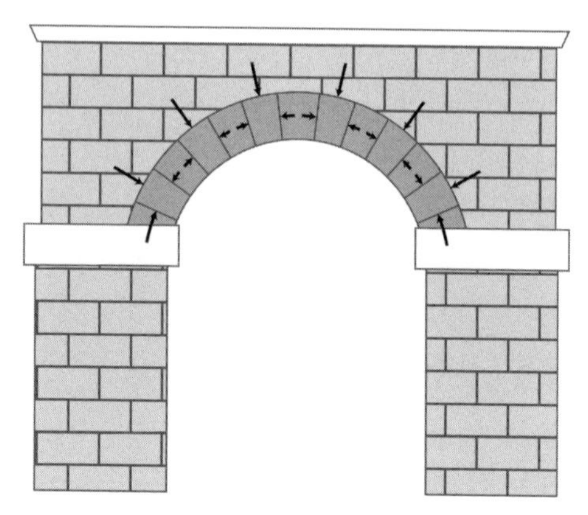

図 1.11　圧縮力を受けるアーチ

である．昔からよく使われている石やレンガを積み上げる組積造は，部材の継ぎ目部分に引張り力が生じないように，工夫されていたにちがいない*28．通常，組積造の構造物は，圧縮力を受けるように設計されており（図 1.11），安定である．

産業革命により鉄や鋼が量産され*29，引張荷重を受ける構造物の設計が開始した*30．しかし，圧縮力を受ける構造物から引張力を受ける構造物へと変化したことで，予期しない破壊が低い力でも起こり，その原因は謎とされていたようである*31．このため，設計者は，材料の破壊を避けるために式 (1.4) を用いたが，計算で求めた応力に対して引張強さが 10 倍以上の材料を採用していた*32．

1.7　破壊力学の誕生

米国は，工期短縮造船法を開発し，従来のリベット組立てとは異なる全溶接

---

*28　レンガは脆くて引張荷重に弱いです．また，引張荷重を受ける構造物を 2 つ以上の部材でつくろうとするとき，継ぎ目でバラバラにならないように工夫しなければいけません．

*29　この頃から，建築構造物に延性材料が使われるようになりました．

*30　1894 年に完成したロンドンのタワーブリッジがその一例．鋼製の支持桁を用いたはり設計です．

*31　英国の物理学者・応用数学者であるオーガスタス・エドワード・ラヴ（1863〜1940）は，『弾性学』の初版（1892 年）で，「破壊の条件はよくわからない」と述べていました．

*32　安全率のことです．安全率を減らして重量と値段を節約しようとする試みは破滅的な結果を招きました．

図 **1.12** 突然破壊するリバティ号

船，すなわちリバティ船を建造した．リバティ号の 20 隻が 1943 年に全壊し，そのうち半分は真っ二つに破壊した（図 1.12）．調査の結果，デッキのハッチコーナーで応力の集中（2 章），溶接部での鋭い切欠き（3〜5 章），使用した鋼材の低じん性（6 章）*33 の 3 点が原因であることが判明した．戦後，ワシントン DC の米国海軍技術研究所のアーウィン*34 らが破壊問題を研究し，約 10 年間で破壊力学という学問が誕生することになる．

演 習 問 題

1 引張強さ 300 MPa の材料でできた直径 10 mm の丸棒に負荷できる最大荷重を求めよ．

2 引張強さ 350 MPa の材料でできた丸棒に，20 kN の単軸引張荷重が負荷される．このとき，丸棒が破断しないために必要な最小直径を求めよ．

3 直径 8 mm の丸棒に 10 kN の単軸引張荷重が作用するとき，この丸棒に生じる垂直応力を求めよ．また，この丸棒の降伏応力を 200 MPa としたとき，この丸棒が降伏するか否か判定せよ．

---

*33 本書では，平仮名を用いて「じん性」と書きます．漢字を用いる場合は「靭性」です．

*34 ジョージ・ランキン・アーウィン（1907〜1998）は，1956 年にサガモア研究会議論文集で金属材料の破壊に対するエネルギー法を提案しました．3 章で学びます．アーウィンは「破壊力学の父」と呼ばれています．

第2章 孔まわりの応力は？

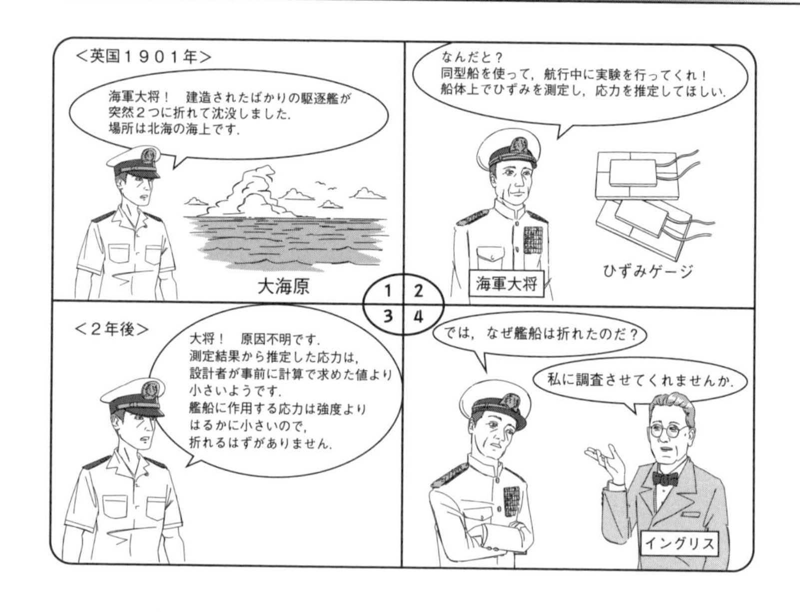

2.1　応力の集中——破壊の出発点

機械や構造物をより安全で効率よく設計するために，応力とひずみについて議論する場合がある．しばしば構造物の理論上の強さと実際の強さに大きな食い違いが生じ，事故を招くことがあるが，例えば鉄鋼材料の強度の変動幅はそんなに大きくはない．きっと，構造物中のどこかに，計算上の応力よりもはるかに大きな応力が生じる場合があるに違いない．

いま，図 2.1 に示す直交座標系 O–xy において，y 方向引張荷重 P_y を受ける平板について考える．図 2.1(a) のように，部材の断面が一様な場合，応力分

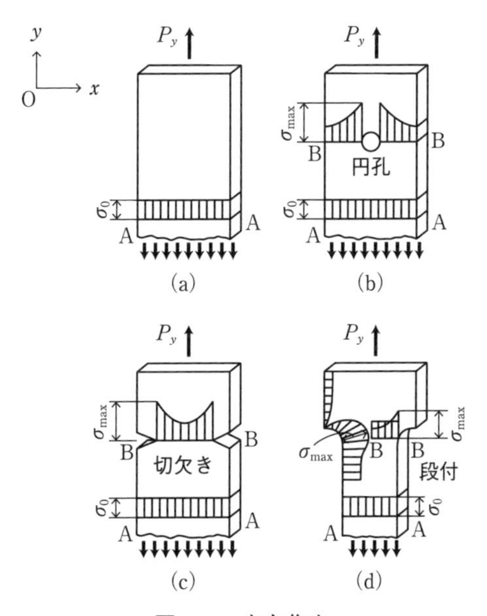

図 **2.1**　応力集中

布は一様である．しかし，ボルト穴があいた平板や段付き平板の場合には，図2.1(b)～(d) のように応力は一様に分布しなくなる．円孔や切欠きがない部分（断面 A–A）の断面積を A とすると，一様な垂直応力は $\sigma_0 = \sigma_{yy} = P_y/A$ で与えられる．一方，例えば円孔がある場合，平板には面積が最小となる位置（断面 B–B）が存在する．そして，その面における垂直応力は，円孔に近づくにつれて大きくなり，円孔縁で最大となる．このように，断面形状が急変する部分で局部的に応力が大きくなる現象を**応力集中**（stress concentration）という．応力集中部に生じる最大応力を $\sigma_{\max}$ とすると，

$$\alpha = \frac{\sigma_{\max}}{\sigma_0} \tag{2.1}$$

は**応力集中係数**（stress concentration factor）と呼ばれ，この α によってどのくらい応力が集中しているかが理解できる．

応力集中係数は，無次元量であり，円孔や切欠きなどの形状，荷重形態などに依存する．たとえ計算で求めた応力が小さく，構造物が安全であるように見えても，これまで無視していた円孔や切欠きなどの近傍には，引張強さ σ_B を上回る応力が作用するときがある[*1].

2.2　円　　　　孔

図 2.2 に示す直交座標系 O–xy において，直径 $2a$ の円孔を持つ無限平板に一様な引張応力 σ_∞ が作用する場合を考える．$y=0$ 面における垂直応力は

$$\sigma_{yy} = \frac{\sigma_\infty}{2}\left(2 + \frac{a^2}{x^2} + 3\frac{a^4}{x^4}\right) \tag{2.2}$$

で与えられる[*2]．式 (2.2) より，応力 σ_{yy} の最大値は，x 軸上の円孔縁 $(x=\pm a)$ で生じ，x に a を代入して

$$\sigma_{\max} = 3\sigma_\infty \tag{2.3}$$

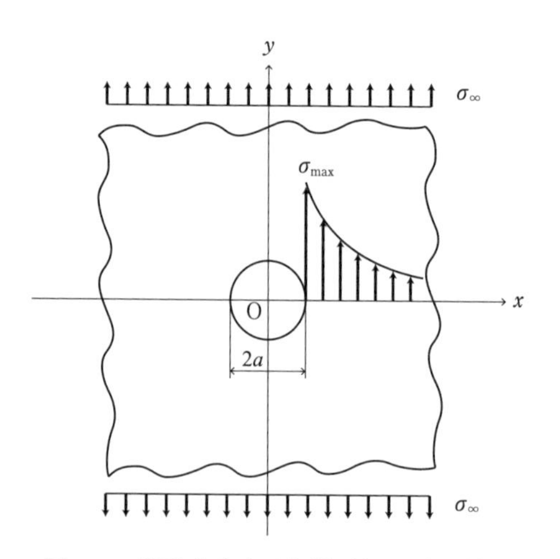

図 **2.2**　円孔を有する無限平板の引っ張り

[*1] 板チョコに溝を付けたり，切手や書類の切り取り線にミシン目を付けることを考えた人は，応力集中を知っていたのでしょうか？

[*2] ドイツのエンジニアであるアーンスト・グスタフ・キルシュ（1841〜1901）が 1898 年にドイツ技術者学会誌で発表しました．当時，応力集中の重要性が増し，二次元弾性問題の厳密解が求められていたようです．

と求まる．したがって，$\sigma_0 = \sigma_\infty$ を考慮し，式 (2.1) に式 (2.3) を代入すると，円孔の応力集中係数は

$$\alpha = 3 \tag{2.4}$$

になる[*3]．

無限平板ではなく図 2.3 のような板幅 $2W$ の無限長平板の場合には，応力集中係数は板幅に対する円孔直径の相対寸法，すなわち直径と板幅の比 a/W に依存して変化する[*4]．

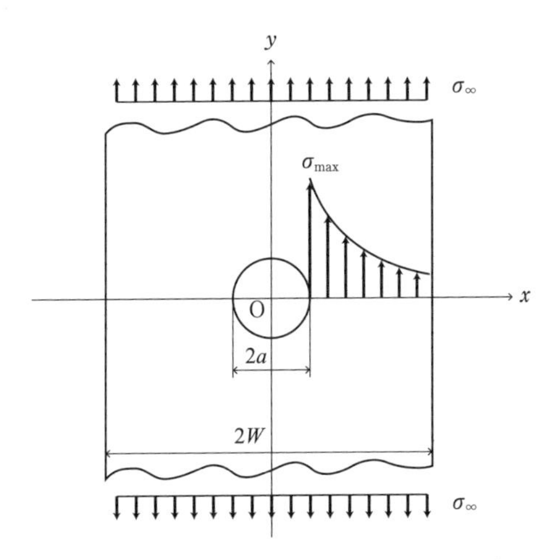

図 2.3　円孔を有する無限長平板の引っ張り

2.3　楕　　円　　孔

図 2.4 に示すように，長軸の長さが $2a$，短軸の長さが $2b$ である楕円孔を持つ無限平板が一様な引張応力 σ_∞ を受ける場合を考える．$y=0$ 面における垂直応力は

[*3] ボルト穴周辺の応力は与えられた引張応力 σ_∞ の 3 倍になります．この点を考慮して設計を行わないといけません．

[*4] 厳密解を得るのは難しく，数値的に解きます．ハウランド（1896〜?）が王立協会の発行する学術雑誌 *Philosophical Transactions of the Royal Society A* で 1930 年に発表しています．

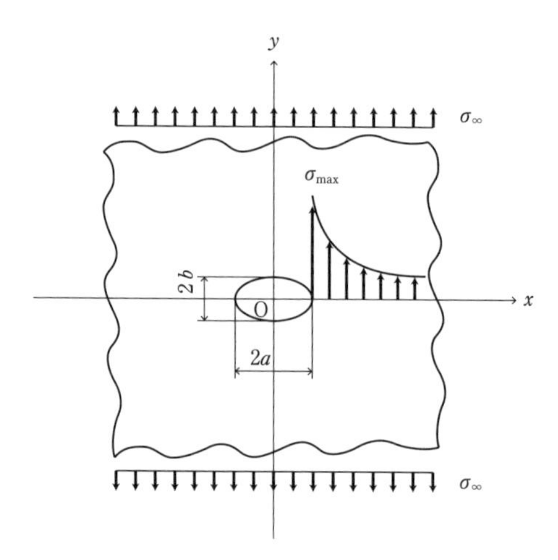

図 2.4　楕円孔を有する無限平板の引っ張り

$$\sigma_{yy} = \sigma_\infty \left\{ 1 + \frac{p+1}{q^2 - p} + \frac{1}{2}\left(\frac{p^2-1}{q^2-p}\right)\left[1 + \left(\frac{p-1}{q^2-p}\right)\left(\frac{3q^2-p}{q^2-p}\right)\right]\right\} \tag{2.5}$$

と求まる．ただし，式中の係数 p, q は

$$p = \frac{1-b/a}{1+b/a}, \quad q = \frac{x/a}{1+b/a}\left(1 + \sqrt{1 - \frac{1-(b/a)^2}{(x/a)^2}}\right) \tag{2.6}$$

で与えられる．応力 σ_{yy} の最大値は，x 軸上の楕円孔縁（$x = \pm a$）で生じ，

$$\sigma_{\max} = \left(1 + 2\frac{a}{b}\right)\sigma_\infty \tag{2.7}$$

となる．したがって，この場合の応力集中係数は，

$$\alpha = 1 + 2\frac{a}{b} \tag{2.8}$$

であり，長軸と短軸の長さの比，すなわち楕円の縦横比 a/b に依存する．式 (2.8) より，b が小さな細長い楕円孔ほど，応力集中係数は大きくなる．また，有限板幅 $2W$ の無限長平板の場合，応力集中係数は円孔の場合と同様 a/W にも依存する．

円孔の曲率半径が $\rho = b^2/a$ であることを考慮すると，式 (2.7) は

$$\sigma_{\max} = \left(1 + 2\sqrt{\frac{a}{\rho}}\right)\sigma_\infty \tag{2.9}$$

と書き換えられる[*5]．

例題 2.1

十分に大きな平板に直径 5 mm の円孔が存在する場合を考える．円孔から十分に離れたところで引張応力 100 MPa が作用しているとき，平板に生じる最大応力を求めよ．

解答 2.1

式 (2.3) より $\sigma_{\max} = 3 \times 100 = 300$ MPa となる[*6]．■

例題 2.2

図 2.4 のような無限遠で引張応力を受ける楕円孔を持つ無限平板がある．楕円孔の縦横比 a/b が 1.0, 1.5, 2.0, 2.5, 3.0 の場合，応力集中係数を求めよ．

解答 2.2

式 (2.8) より，それぞれ 3.0, 4.0, 5.0, 6.0, 7.0. ■

2.4 鋭い切欠き

機械や構造物に円孔や切欠きなど断面形状が急変する部分が存在すると，そこで応力が集中し，最大応力 $\sigma_{\max}$ が生じる．これを式 (1.4) の左辺に代入すれば，

$$\sigma_{\max} \geq \sigma_{\mathrm{B}} \tag{2.10}$$

となる．機械や構造物の設計に際し，強度上安全かどうか[*7] を推定するには，材料力学的手法が重要な役割を果たしている．

[*5] 20 世紀に入り，軍艦の構造設計で応力解析が盛んに行われるようになりました．英国の物理学者・考古学者で医師でもあるトーマス・ヤング（1778〜1829）は船をはりと考えて強度を解析しました．やがて，船の曲げ強度の他に断面が急変している部分の応力解析が求められ，英国チャールズ・イングリス（1875〜1952）は，デッキの孔による応力集中を研究し，1913 年に造船学会論文集で発表しました．

[*6] 円孔の寸法に依存しませんよ．

[*7] 安全かどうかは，同じ構造でも材料（σ_{B}）が変われば変化し，材料が同じでも構造（$\sigma_{\max}$）が変われば変化します．

いま，楕円孔の曲率半径を 0 に近づけていく．式 (2.9) において，$\rho \to 0$ とすると，$\sigma_{\max} \to \infty$ になり，式 (2.10) を簡単に満足してしまう．したがって，機械や構造物は，作用する引張応力（$\sigma_\infty > 0$）がどんなに小さい場合でも，鋭い切欠きが入っただけで破壊することになる[*8]．しかし，実際に鋭い切欠きがあっても，材料は必ずしも破壊に至るわけではない．$\rho \to 0$ のような鋭い切欠きが存在する材料に対しては，式 (2.10) をそのままのかたちで用いることはできない．大きな応力が作用していても，たいてい大事故に至らずに済んでいる理由は，次章で述べるように，破壊をエネルギーの概念から考えると説明できる．

生体組織は応力集中しない？

ゴムは，とても柔らかくて縦弾性係数が小さいですが，引き伸ばして穴をあけるとすぐに破裂します．一方，コウモリの翼は，飛行中に引っ張り荷重を受けますが，翼に穴があいてもそこから裂け目が拡がることはめったにないようです．しかもその間，コウモリは翼を使いつづけることができます．やわらかい生体の組織は，なぜ応力集中の影響をほとんど受けないのでしょうか．

天然の素材は，少なくとも 2 つの要素から構成される複合材料です．多くの動物の皮膚は，非常に縦弾性係数の小さい「エラスティン」が曲がりくねった縦弾性係数の大きい「コラーゲン」繊維で補強されているそうです．コラーゲン繊維は，曲がりくねっていますので，荷重が小さいときは補強効果がないのですが，応力集中領域ではピンと張って組織の剛性を増大させるのかもしれません．

[*8] $\sigma_{\rm B}$ を材料の強度と定義していますので，式 (2.10) を破壊に対する条件式ととらえることもできます．そのように考えると，例えば表面に傷が入っただけで，式 (2.10) を満足して破壊してしまいます．

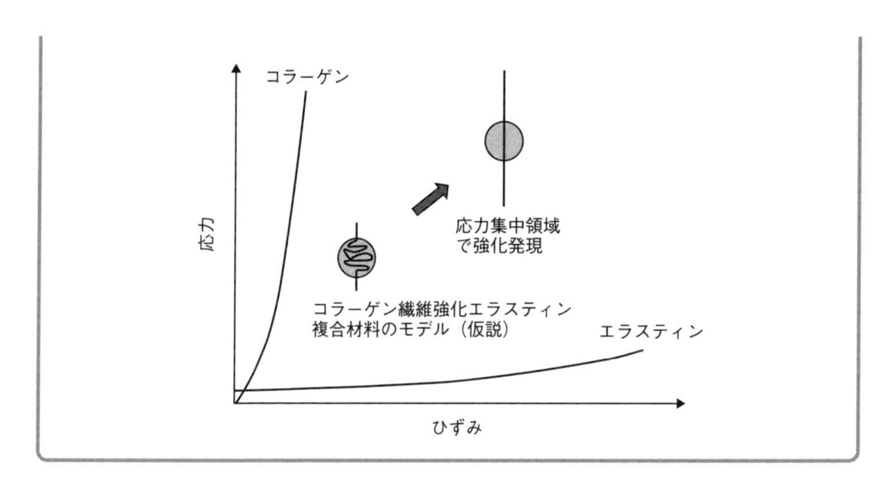

演　習　問　題

1　十分に大きな平板に直径 6 mm の円孔があいている．円孔から十分に離れたところで引張応力 200 MPa が作用しているとき，平板に生じる最大応力を求めよ．

2　十分に大きな平板に直径 10 mm の円孔があいている．この平板の引張強さを 300 MPa としたとき，円孔から十分に離れたところに負荷できる最大引張応力を求めよ．

3　縦横比 $a/b = 1.5$ である楕円孔を持つ十分に大きな平板がある．いま，楕円孔から十分離れたところで 100 MPa の引張応力が作用しているとき，平板に生じる最大応力を求めよ．

4　縦横比 $a/b = 2.0$ である楕円孔を持つ十分に大きな平板がある．この平板の引張強さを 250 MPa としたとき，楕円孔から十分に離れたところに負荷できる最大引張応力を求めよ．

第3章
ひずみエネルギーと破壊

3.1　エネルギーの概念からクラックを考える

機械や構造物には，大小の差はあれ傷などの欠陥 (defect) が存在する．2 章で取り扱った楕円孔の短軸 $b \to 0$ の場合が鋭い切欠きすなわちクラック (crack)*[1] である．クラックが入った材料は，式 (2.9) よりクラック先端で応力が無限大になるので，理論的に無限小の荷重で破壊することになる．本章では，このク

*[1]　き裂と呼ばれていますが，本書では，7 章を除き原則「クラック」という表現を用います．クラックの開き角（クラック先端の角度）は，両縁を区別するために 0 でないように描かれますが，原則 0 と考えますよ．

ラックのパラドックスを避けるため，応力ではなくエネルギーに基づいて破壊を考える[*2].

3.1.1　弾性ひずみエネルギー

式 (1.8) が成り立つ限り，引張荷重を受ける部材の垂直応力 σ_{xx} はゼロからひずみ ε_{xx} まで直線的に増大する．このとき，部材内には，単位体積当たり

$$\bar{U} = \int_0^{\varepsilon_{xx}} \sigma_{xx} \mathrm{d}\varepsilon_{xx} = \frac{1}{2}\sigma_{xx}\varepsilon_{xx} \tag{3.1}$$

の**弾性ひずみエネルギー**（elastic strain energy）が蓄えられている（図 3.1）．これは，**弾性ひずみエネルギー密度**（elastic strain energy density）と呼ばれ，3 次元の応力状態では

$$\bar{U} = \frac{1}{2}(\sigma_{xx}\varepsilon_{xx} + \sigma_{yy}\varepsilon_{yy} + \sigma_{zz}\varepsilon_{zz} + \sigma_{xy}\gamma_{xy} + \sigma_{yz}\gamma_{yz} + \sigma_{zx}\gamma_{zx}) \tag{3.2}$$

となる．弾性ひずみエネルギー U は式 (3.2) を体積 V で積分して求まる．な

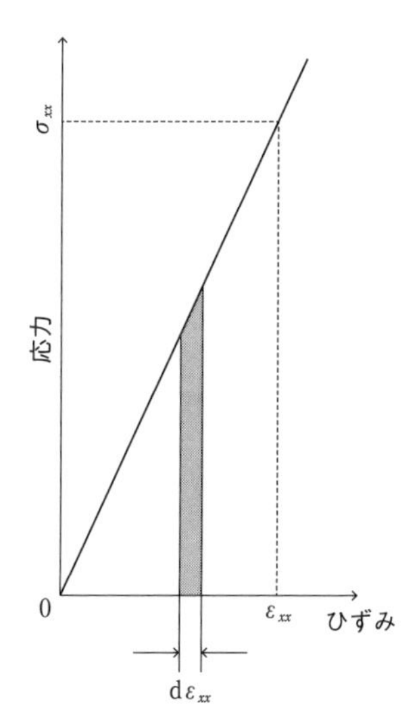

図 3.1　ひずみエネルギー密度

[*2] 1920 年，英国の航空エンジニアであるアラン・アーノルド・グリフィス（1893〜1963）は，このパラドックスが嫌いで，熱力学の第一法則を用いてクラックの形成を考えました．グリフィスは「破壊力学の母」と呼ばれています．

お，弾性ひずみエネルギーを単にひずみエネルギー（strain energy），弾性ひずみエネルギー密度をひずみエネルギー密度（strain energy density）と呼ぶ.

3.1.2　平板のひずみエネルギーとクラックの表面エネルギー

図3.2(a)に示すように，長さaのクラック（片側クラック）が存在する厚さBの平板を考える．平板は，外部から荷重Pを受けると変形し，ひずみエネルギーを蓄える．図3.2(b)のように，そのときの変位をuとすると，蓄えられたひずみエネルギーは

$$U = \frac{1}{2}Pu \tag{3.3}$$

で与えられる[*3].

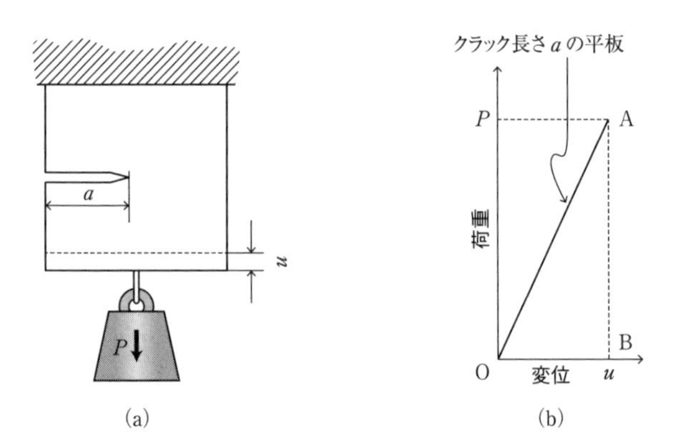

図 **3.2**　引張荷重を受けるクラック材と荷重–変位曲線

いま，長さaのクラックがΔaだけ進展する場合を考える．クラックがΔaだけ進展する過程で，クラックには新しい面が形成されるので，新たなクラックの面には表面張力γが加わることになる．したがって，平板には，面積$B\Delta a$のクラック面自体が持つエネルギー

$$\Delta\Pi_{\mathrm{S}} = 2B\Delta a\gamma \tag{3.4}$$

[*3]　三角形OABの面積です.

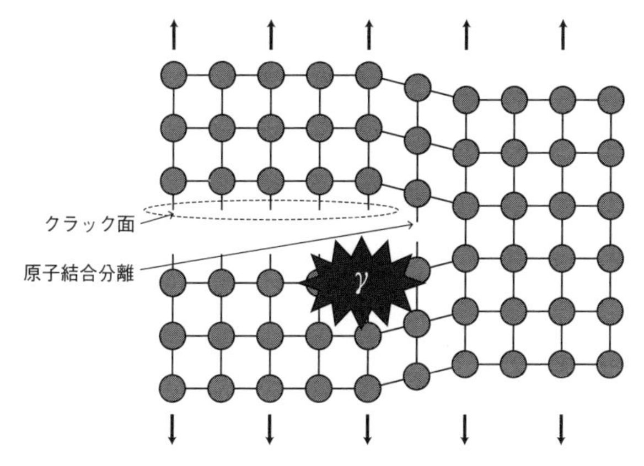

図 **3.3** クラックの進展と表面エネルギー

が加わる（図 3.3）[*4]．これを**表面エネルギー**（surface energy）と呼ぶ[*5]．単位は N·m である．いま，平板にはひずみエネルギー U が蓄えられている．平板が破壊するか否かは，材料内部のひずみエネルギーが新しいクラックをつくるために必要な破壊エネルギー，すなわち表面エネルギーに変換されうるかどうかにかかっている．

3.1.3 外力の仕事とクラックの進展

図 3.4(a) のように，荷重 P が一定の状態でクラックが長さ Δa だけ進展する場合を考える．クラック面積の増大を $B\Delta a = \Delta A$ とする．クラックが進展する前の平板の荷重と変位の関係は図 3.4(b) の直線 OA で，クラックが進展すると，平板は図 3.4(b) のように P 一定で変位 Δu だけ変形するので，荷重と変位の関係は O → A → C となる[*6]．このとき，外力は

[*4] クラックには上の面と下の面があるので，2 倍しています．材料を引き裂いて 2 つの面を形成するには，引き裂く前にこの 2 面を結合していた全ての原子同士の化学的結合を分離しなければいけません．つまり，分離するだけの仕事をしなければいけません．

[*5] ガラスのような理想的な脆性材料の場合，単に原子結合を分離させればクラック面が形成されますので，γ は原子を分離して新しい面を形成するのに必要な単位面積当たりのエネルギーです（単位は $\mathrm{N{\cdot}m/m^2} \to \mathrm{N/m}$）．しかし，クラックが金属内部を進展するとき，この考えはあてはまりません．微視レベルで様々な現象が起こり，エネルギーが使われるからです．このグリフィスの考えは後にアーウィンによって修正されました．

[*6] クラックが伸びた分，見かけの引張剛性が小さくなります．図 3.4(b) の破線 OC の傾きです．

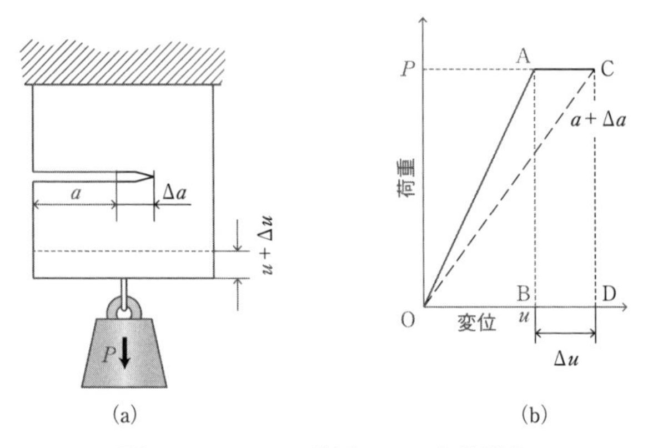

図 3.4　クラック進展による変位増大

$$\Delta W = P\Delta u \tag{3.5}$$

だけ仕事をし[*7]，ひずみエネルギーは増大することになる[*8]．また，その変化量は

$$\Delta U = \frac{1}{2}P(u + \Delta u) - \frac{1}{2}Pu = \frac{1}{2}P\Delta u \tag{3.6}$$

である[*9]．そして，このときの外力がした仕事と平板が持っているエネルギーの和の変化量を $\Delta\Pi$ とおくと，

$$\Delta\Pi = -\Delta W + \Delta U \tag{3.7}$$

と書くことができる．式 (3.5)，(3.6) を式 (3.7) に代入すると，

$$\Delta\Pi = -\frac{1}{2}P\Delta u \tag{3.8}$$

[*7] 四角形 ACDB の面積ですよ．エネルギーは「仕事をする能力」と定義され，単位は力 × 距離です．皆さんが 2 kgf の錘を 1 m 持ち上げるためには，$2 \times 9.8 \times 1$ N·m の仕事をしなければいけません．その結果，錘には 19.6 N·m 分のエネルギーが蓄えられます．このエネルギーは錘を落としてあげることで自由に解放することができます．こうして解放されたエネルギー（$2 \times 9.8 \times (-1) = -19.6$ N·m）で，例えば真冬の池の氷を割ることができます．このとき，錘は仕事をしたことになりますね．

[*8] 三角形 OCD の面積です．運動会の綱引きを想像して下さい．赤組と白組の選手が綱を引っ張ってつり合っています．綱にはひずみエネルギーが蓄えられていますが，選手にも引っ張るだけのエネルギーがあります．綱に入っている傷が進展して綱が伸びたとき，選手は仕事をしたことになります．選手のカロリー（1 J は約 0.24 cal）が消費され（式 (3.5) の ΔW 分だけ減るので，式 (3.7) ではマイナスが付きます），綱のひずみエネルギーが増大します（式 (3.6)）．

[*9] 三角形 OCD の面積から三角形 OAB の面積を引いて，三角形 OAC の面積になります．

が得られる．したがって，クラック進展 Δa によって，外力がした仕事と平板が持っているエネルギーの和は

$$\frac{1}{2}P\Delta u = -\Delta\Pi \tag{3.9}$$

だけ減少することになる[*10]．

次に，図 3.5(a) のように，ある荷重をかけて固定した状態でクラックが Δa だけ進展する場合を考える．荷重と変位の関係は，図 3.5(b) のように u 一定で荷重が ΔP だけ減少するので，直線 $\mathrm{O} \to \mathrm{A} \to \mathrm{E}$ となる．このとき，外力は仕事をしないので

$$\Delta W = 0 \tag{3.10}$$

が成り立つ．一方，ひずみエネルギーは減少し，その変化量は

$$\Delta U = \frac{1}{2}(P - \Delta P)u - \frac{1}{2}Pu = -\frac{1}{2}u\Delta P \tag{3.11}$$

となる[*11]．式 (3.10)，(3.11) より，エネルギーの変化量は，式 (3.7) を考慮して

$$\Delta\Pi = -\frac{1}{2}u\Delta P \tag{3.12}$$

となる．したがって，クラック進展 Δa によって，全体のエネルギーは

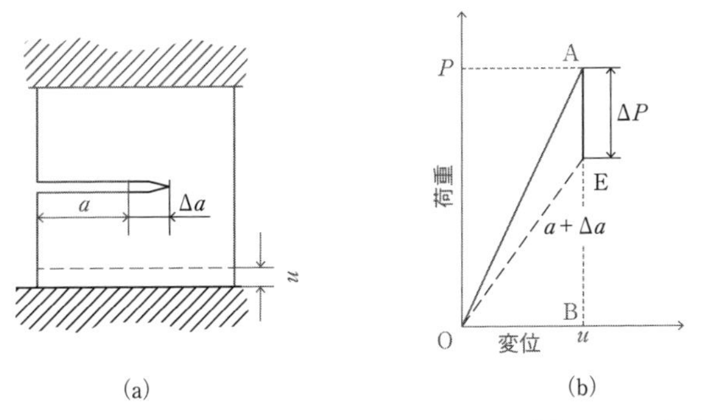

図 3.5　引張変形を受けるクラック材とクラック進展による荷重降下

---

*10　三角形 OAC の面積です．このエネルギーは何に使われたのでしょうか．クラックの表面エネルギーと考えるとスッキリしませんか？

*11　三角形 OEB の面積から三角形 OAB の面積を引いて，三角形 OAE の面積になります．

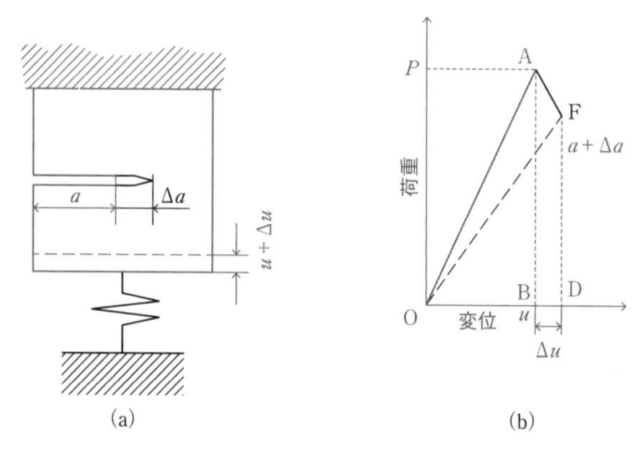

図 **3.6**　実際のクラック進展による荷重–変位曲線の変化

$$\frac{1}{2}u\Delta P = -\Delta\Pi \tag{3.13}$$

だけ減少することになる*12.

外力として，荷重あるいは変位を一定として考えたが，一般には，荷重一定でも変位一定でもなく，それらの中間の状態である（図 3.6）*13．いずれの場合にしても，外力がした仕事と平板が持っているエネルギーの和のクラック進展*14 による変化量は式 (3.7) で与えられ，全体のエネルギーは減少する．

3.2　エネルギーの解放——クラックが進展するとき

式 (3.9) あるいは式 (3.13) で示したように，クラックが進展すると，外力がした仕事と平板が持っているエネルギーの和 Π は減少する．クラックが単位長さ進展する際のエネルギーの変化量は，エネルギーの減少量 $-\Delta\Pi$ をクラック面積の増分 ΔA で割って，

$$-\frac{\Delta\Pi}{\Delta A} = -\frac{1}{B}\frac{\Delta\Pi}{\Delta a} \tag{3.14}$$

と書ける．$\Delta a \to 0$ としたときの値を

*12　三角形 OAE の面積です．

*13　ΔP が減少して Δu が増大します．外力と平板を合わせた全体のエネルギー変化量は図 3.6(b) の三角形 OAF の面積で表されます．

*14　ここでいうクラック進展は，平板の破壊を意味しているわけではありません．詳細は 3.4 節で述べます．

$$G = \lim_{\Delta a \to 0}\left(-\frac{1}{B}\frac{\Delta\Pi}{\Delta a}\right) = -\frac{1}{B}\frac{\mathrm{d}\Pi}{\mathrm{d}a} \tag{3.15}$$

とおき，G をエネルギー解放率（energy release rate）と呼ぶ[*15]．単位は $\mathrm{J/m^2}$ である．

例題 3.1

図 3.7 のように長さ l，幅 B，高さ $2h$，縦弾性係数 E の板に長さ a の切込みが入っている．荷重を 0 から P に増大させたところ，荷重点の変位は $u = 4Pa^3/EBh^3$ であった[*16]．このとき，次の問に答えよ．

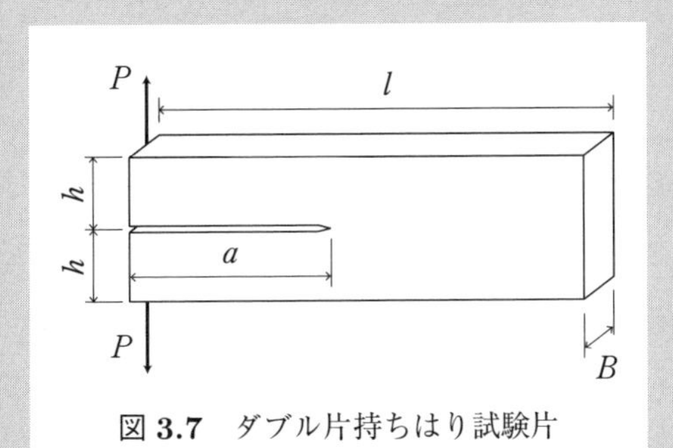

図 3.7　ダブル片持ちはり試験片

問 1　荷重が P に達したとき，荷重が板にした仕事を求めよ．

問 2　荷重が 0 から P まで変化したとき，板に蓄えられたひずみエネルギーを求めよ．

問 3　エネルギー解放率を求めよ．

解答 3.1

問 1　荷重がした仕事[*17]は

$$\Delta W = 2 \times Pu = \frac{8P^2a^3}{EBh^3}$$

問 2　板の変位は $2u$ で与えられるから，蓄えられたひずみエネルギーは

$$\Delta U = \frac{P \times 2u}{2} = \frac{4P^2a^3}{EBh^3}$$

---

*15　1956 年にアーウィンによって提案されました．

*16　先端に集中荷重を受ける片持ちはりの先端たわみです．

*17　荷重点は 2 つありますよ．

問 3　式 (3.7)，(3.15) より

$$G = \lim_{\Delta a \to 0}\left(-\frac{1}{B}\frac{\Delta U - \Delta W}{\Delta a}\right) = -\frac{1}{B}\frac{\mathrm{d}(U-W)}{\mathrm{d}a} = \frac{12P^2a^2}{EB^2h^3}$$

■

エネルギー解放率を測ってみよう

これから実験をやります！

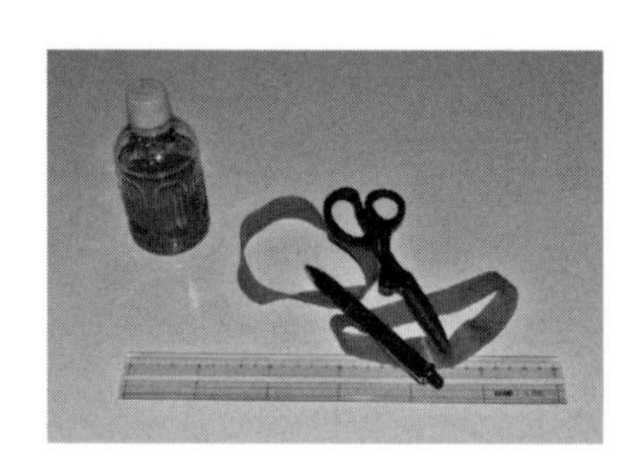

用意する物：

ゴムバンド（幅広の輪ゴムを切ってもよい），錘（ペンケース，ペットボトルなど），はさみ，定規，ペン

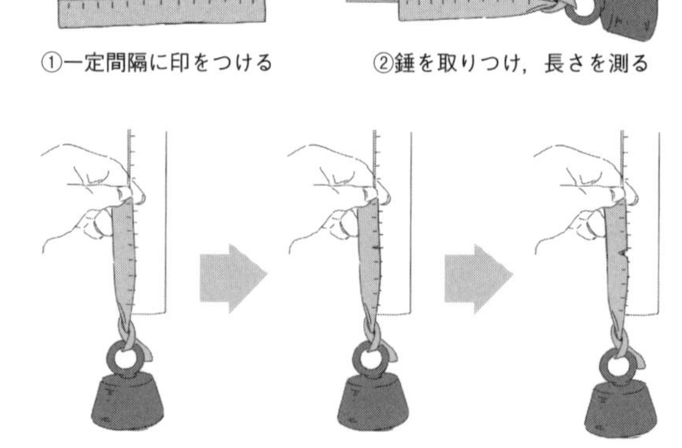

①一定間隔に印をつける　②錘を取りつけ，長さを測る

③ぶら下げて，伸びを測る　④切り込みを入れて，伸びを測る

実験手順：

1）ゴムバンドに，一定間隔にペンで印をつける．

2）その後，片側に錘を取りつけ，錘の位置までの長さを測る．

3）次に，錘をぶら下げて伸びを測る．

4）中央付近にはさみで切り込みを入れ（5 mm 程度），切り込みの長さを測る．そして，錘をぶら下げて伸びを測る．再度，はさみで切り込みを長くし，錘をぶら下げて伸びを測る．切り込みの長さを忘れずに測る．長くしすぎると，ゴムが切れるので注意！

5）上記の 4）を 3〜4 回繰り返してみよう．

結果の整理：

1）荷重と伸びの関係をグラフにしてみよう．錘の重さは一定です．

2）ひずみエネルギーとクラック（切り込み）長さの関係をグラフにしてみよう．

3）エネルギー解放率を求めてみよう．2）で描いたグラフの傾きがエネルギー解放率ですね．

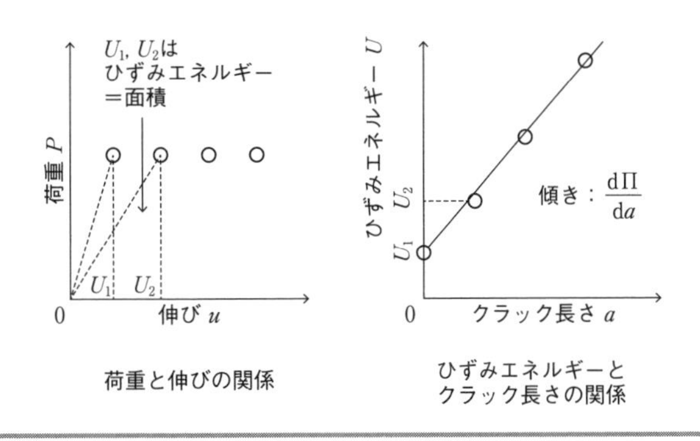

3.3 エネルギー解放率とコンプライアンス

クラックが存在する平板に引張荷重を与えていくと，図 3.2(b) に示したような荷重と変位の関係が得られる．荷重と変位の関係の傾きの逆数は

$$C = \frac{u}{P} \tag{3.16}$$

で与えられ，コンプライアンス（compliance）と呼ばれる．コンプライアンスを用いると，例えば図 3.4 の場合，クラック進展によるエネルギーの変化量は，

式 (3.16) を式 (3.9) に代入して，

$$-\Delta\Pi = \frac{1}{2}P\Delta u = \frac{1}{2}P^2\Delta C \tag{3.17}$$

となる．$\Delta a \to 0$ とし，式 (3.17) を式 (3.15) に代入すると，エネルギー解放率

$$G = \frac{P^2}{2B}\frac{\mathrm{d}C}{\mathrm{d}a} \tag{3.18}$$

が得られる．式 (3.18) より，エネルギー解放率はクラック長さ a に対するコンプライアンス C の変化量から実験的に求めることができる．図 3.5，3.6 の場合も同様に得られ，どのような負荷形態でもエネルギー解放率は $\mathrm{d}C/\mathrm{d}a$ から求まる．具体的には，同じ形状・寸法および材料の試験片に，クラック長さだけを変えて引張荷重を与え，荷重–変位をプロットする（図 3.8(a)）．そして，各クラック長さに対しコンプライアンスを計算し，コンプライアンス–クラック長さをプロットして（図 3.8(b)），曲線の傾きを求める．得られた傾きを式 (3.18) に代入すると，エネルギー解放率が求まる[*18]．

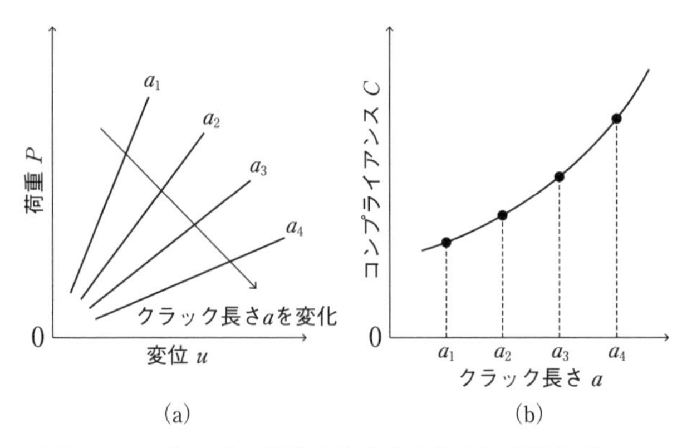

図 3.8　エネルギー解放率を求めるために必要なグラフ

例題 3.2

例題 3.1 と同様，図 3.7 のような切込みが入った板を考える．コンプライアンスを計算し，エネルギー解放率を求めよ．

---

*18　エネルギー解放率はクラック長さに依存して変化します．

解答 3.2

板の変位は $2u$ であるから，式 (3.16) より，コンプライアンスは

$$C = \frac{2u}{P} = \frac{8a^3}{EBh^3}$$

C を式 (3.18) に代入して

$$G = \frac{12P^2a^2}{EB^2h^3}$$

解は例題 3.1 の問 3 の答えに一致する．■

3.4　クラック長さの限界

図 3.9 の上のグラフの破線はクラック長さ a に対する外力がする仕事と平板が持っているエネルギーの和 Π および表面エネルギー Π_S を示したものである[*19]．図中の実線はエネルギー $\Pi_T = \Pi + \Pi_S$ とクラック長さ a の関係を示している．また，図 3.9 の下のグラフは，縦軸を Π_T の a による微分

$$\frac{d\Pi_T}{da} = \frac{d(\Pi + \Pi_S)}{da} \tag{3.19}$$

に描きなおしたもので，曲線 Π_T の点 a における接線の傾きを示している．この実線と横軸との交点，すなわち

$$\frac{d\Pi_T}{da} = 0 \tag{3.20}$$

の点を a_c とおく．

平板に a_c より短いクラックが存在する場合，外力が作用していてもクラックを微小長さ進展させるためには正のエネルギーが必要である．したがって，a_c より短いクラックは，外力が作用している状態でも，安全といわれている[*20]．一方，a_c より長いクラックは，エネルギーを必要とせず勝手に進展しようとす

*19　Π は a の 2 乗に比例して減少しますが，理解できますか？　この減少量は，クラック長さを直径とする円形部分（$\pi\times$ 半径 ^{2}）のひずみエネルギーに近いと考え，求めることができます．3.5 節で解説します．

*20　どんなクラックでも最初は短いです．a_c より短いクラックは進展しないと思われがちですが，そんなことはありません．a_c より短いクラックでもゆっくりですが立派に成長します．7 章で述べます．

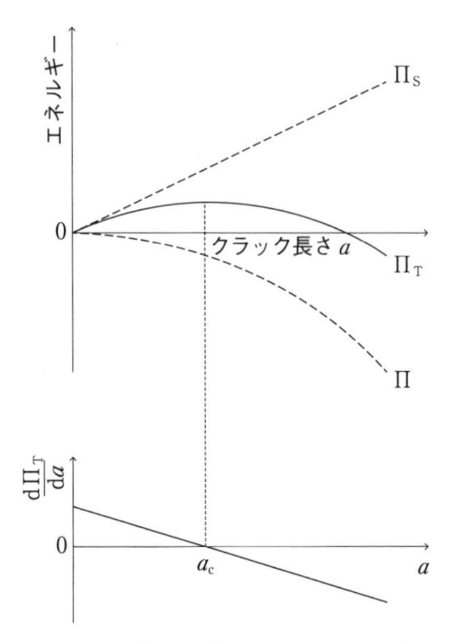

図 3.9　クラック長さに対するエネルギーとその変化

る非常に危険なものである[*21]．いいかえると，クラック長さが a_c に達すると，平板は瞬く間に破壊する[*22]．これを**不安定破壊**（unstable fracture）という．すなわち，この平板には a_c より長いクラックは存在することができず，a_c は限界クラック長さである．

3.5　限界クラック長さの推定——グリフィスの式

図 3.10(a) に示すような引張変形を受けるクラックのない厚さ B の平板を考える．ひずみエネルギー密度は，式 (3.1) で与えられるので，これに式 (1.8) を代入すれば，

$$\bar{U} = \frac{\sigma_{xx}^2}{2E} \tag{3.21}$$

となる．いま，図 3.10(b) のように，変位一定で，長さ $2a$ のクラック（中央クラック）が導入されるときのひずみエネルギー変化を考える．簡単のため，ク

[*21]　$\mathrm{d}\Pi_T/\mathrm{d}a$ はマイナスですから．
[*22]　クラックの運動エネルギーが増大しつづけるので，クラックの進展速度が増大しつづけます．

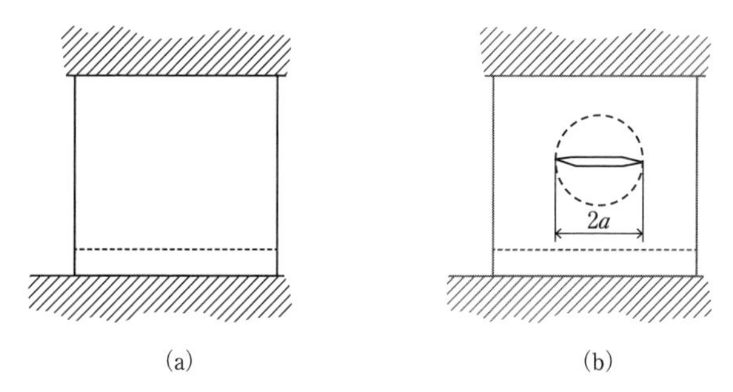

図 3.10 引張変形を受ける平板にクラックを導入したとき

ラック周囲の直径 $2a$ の円形領域内で応力が解放されると仮定すると，その部分のひずみエネルギーは，式 (3.21) の $\bar{U}$ に円形領域の体積を掛けると求まるので，

$$U = \frac{\sigma_{xx}^2}{2E} \times (\pi a^2 B) \tag{3.22}$$

となる．したがって，長さ $2a$ のクラックが平板に導入されるとき，

$$U = \frac{\pi a^2 \sigma_{xx}^2 B}{E} \tag{3.23}$$

だけひずみエネルギーが解放されることになる[*23]．図 3.5 と同様に変位 u が一定の状態を仮定しているので，外力は仕事をしない．したがって，外力と平板が持っているエネルギー Π と表面エネルギー Π_{S} との合計は

$$\Pi_{\mathrm{T}} = -\frac{\pi a^2 \sigma_{xx}^2 B}{E} + 4Ba\gamma \tag{3.24}$$

で与えられる[*24]．式 (3.24) を式 (3.20) に代入すると，クラックが進展する条件は

$$\sigma_{xx\mathrm{c}} = \sqrt{\frac{2\gamma E}{\pi a}} \tag{3.25}$$

と表される．これをグリフィスの式といい，$\sigma_{xx\mathrm{c}}$ は破壊応力の推定値である．

---

*23 クラック周囲の応力場を厳密に求めると，式 (3.22) の 2 倍になります．式 (3.23) から，図 3.9 の上図のようにひずみエネルギー Π は a^2 に比例して減少していくことがわかります．

*24 右辺の第 2 項は，クラック長さが $2a$ なので，式 (3.4) を 2 倍して求めています．

一般構造材料の実際の引張強さは推定値の 1/10 ～ 1/100 にしかならない[*25].

式 (3.25) から，図 3.9 の限界クラック長さ

$$a_{\mathrm{c}} = \frac{2\gamma E}{\pi \sigma_{xxc}^2} = \frac{\gamma}{\pi \bar{U}} \tag{3.26}$$

が求まる．大きな応力が作用している構造物が長いクラックを許容するには，できるだけ大きな γ と大きな E の材料が必要となる[*26]．また，限界クラック長さは $\bar{U}/\gamma$ に反比例することがわかる[*27].

例題 3.3

橋の軟鋼材に長さ 1.00 m のクラックが入っている．クラックが耐えられる最大応力を求めよ．ただし，軟鋼の表面エネルギーを 100 kJ/m^2，縦弾性係数を 206 GPa とする．

解答 3.3

式 (3.25) より

$$\sigma_{xx\mathrm{c}} = \sqrt{\frac{2 \times 100 \times 10^3 \times 206 \times 10^9}{\pi \times 1.00}} = 1.145 \times 10^8 \text{ Pa} = 114 \text{ MPa}$$

となる[*28]. ■

ガラスの秘密

ガラスはとても脆くて割れやすいことは，皆さん知っているかと思います．ガラスは，理論的には強度の高い材料ですが（付録 A.1 参照），破壊じん性（6 章参照）が低い（すなわち脆い）材料です．そのため，ガラスの中に小さなクラックがあると，そこから簡単にクラックが進展して，壊れてしまいます．ところが，ガラスの繊維（グラスファイバー）は，航空機の機体や自動車の部品，電子機器など，いろいろなところに

[*25] グリフィスは，ガラス繊維を用いて引張試験を行い，引張強さと直径の関係を明らかにしました．直径が小さくなれば引張強さが増大し，直径約 1 μm のとき推定値に近くなることを示しました．径が細くなれば，繊維に含まれている欠陥の最大寸法 a_{c} も小さくなり，強度が増します．

[*26] 例えば軟鋼がよく利用されています．

[*27] ゴムは大きな $\bar{U}$ を蓄えることができ，γ が小さいです．ですから，a_{c} はとても小さくなります．引き伸ばしたゴムの a_{c} は小さく，例えば膨らませたゴム風船を庭に持ち出し，バラのトゲを突き刺すとパチンと破裂しますね．

[*28] 結果が安全側になるよう切り下げました．なお，3.5 節は単軸引張状態で考えています．

使用されています．あんなに割れやすいガラスを，航空機の機体などに使っても大丈夫なのでしょうか．

破壊じん性が低い材料とは，クラックが進展しやすい材料ですが，もし材料の中にクラックが存在しなければ，クラックが進展して材料が壊れることはありません．では，クラックを含まない材料をつくるには，どうすればよいでしょうか．例えば，材料をつくる過程や運ぶ過程で，どうしても 1 cm のクラックができてしまうのであれば，1 mm の大きさの材料をつくれば 1 cm のクラックはできようがありません．同じように，どうしても 1 mm のクラックができてしまうのであれば，0.1 mm の大きさの材料をつくればよいわけです．

ガラスをどんどん小さくしていくと，内部にクラックがなくなり，クラックが進展して壊れることがなくなります．こうして，大きなガラスの板は 200 MPa 程度の応力で壊れてしまうのに対し，数 μm の直径を持つガラス繊維は 10 GPa 以上の応力（理論強度）に耐えることができます．これなら飛行機や自動車に使われていても安心ですね．

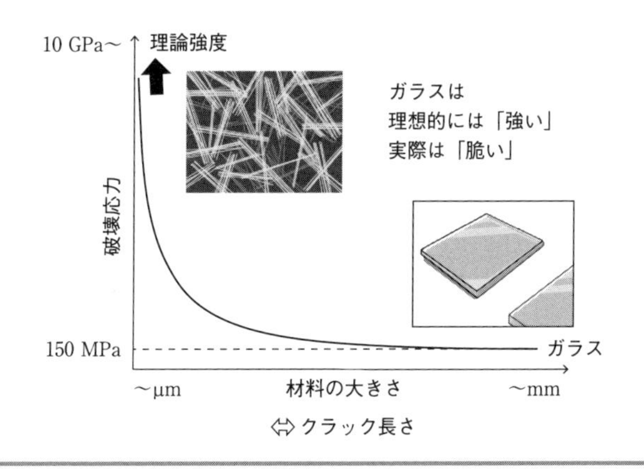

演 習 問 題

1 直径 125 μm のガラス製光ファイバーの引張試験を行ったところ 40 N で破断した．光ファイバーの表面に傷はなかったとすると，内部に潜在していたクラックの全長を求めよ．ただし，ガラスの表面エネルギーを 0.3 N/m，縦弾性係数を 70 GPa とする．

2 十分大きなガラス板に長さ $2a = 1$ mm のクラックが入っている．クラックから十分離れたところで，クラック面に対して垂直な方向に引張応力 σ_∞ を負荷したところ，クラックが進展し，ガラス板が割れた．このとき，負荷した引張応力をグリフィスの式を用いて求めよ．ただし，ガラスの表面エネルギーを 0.3 N/m，縦弾性係数を 70 GPa とする．

3 図 3.11 のように，幅 B，厚さ h，縦弾性係数 E のタイルが床に貼り付けられている．タイルをはがすために，厚さ u のくさびを図のように打ち込んでいったところ，くさびとはく離（delamination）[*29] 部先端との距離が a のところで，タイルがはがれた．このときのエネルギー解放率を求めよ．ただし，床を剛体と仮定する．

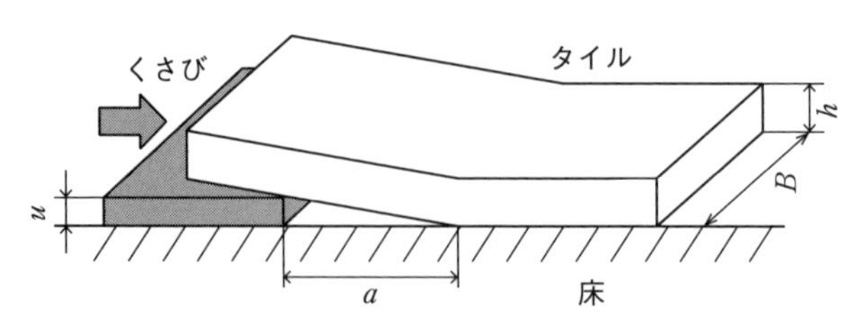

図 3.11　タイルのはく離

[*29] 異なる材料を接合した界面に存在するクラックのことを「はく離」と呼びます．

第4章 クラック先端の応力は？

4.1 クラック先端近傍の応力場

クラック先端近傍の応力状態は，機械や構造物の破壊過程を理解する上で，重要な役割を果たす．いま，図 4.1 に示す直交座標系 O–xy において，長さ $2a$ のクラックが存在する無限平板に y 方向一様引張応力 σ_∞ が作用する場合を考える．$y = 0$ 面における垂直応力は，楕円孔の解，すなわち式 (2.5) に，$b = 0$ を考慮して $p = 1,\ q = x/a + \sqrt{(x/a)^2 - 1}$ を代入すれば，

$$\sigma_{yy} = \sigma_\infty \left(\frac{q^2 + 1}{q^2 - 1} \right) = \sigma_\infty \frac{x}{\sqrt{x^2 - a^2}} \tag{4.1}$$

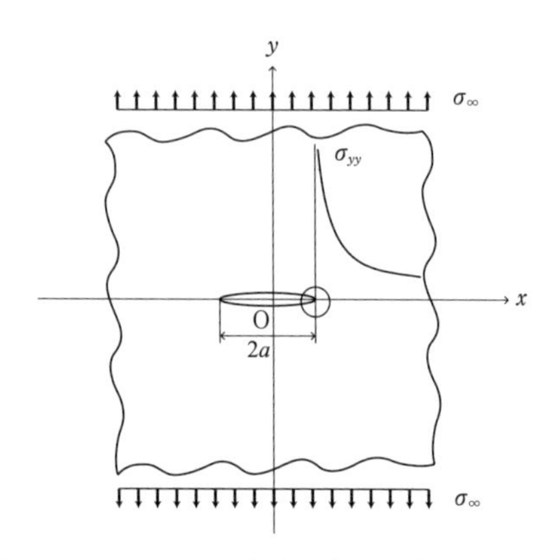

図 **4.1**　クラックを有する無限平板の引っ張り

と求まる．応力 σ_{yy} は，クラック先端に近づく（$x \to a$）につれて無限大に発散（$\sigma_{yy} \to \infty$）していき，クラック面上（$x < a$）では生じない（$\sigma_{yy} = 0$）*1．すなわち，クラック先端（$x = a$）は応力の特異点となっている．これをクラック先端の**応力特異性**（stress singularity）あるいは**特異応力場**（singular stress field）という．

応力特異点の性質を調べるため，クラック先端を中心に応力場を考える．図 4.2 に示すように，クラック先端を原点とする直交座標系 O–xy を新たに導入

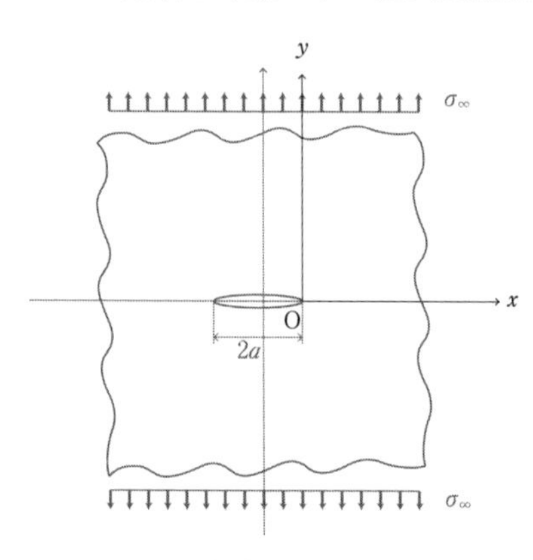

図 **4.2**　クラック先端を原点とする直交座標系

*1　クラック内部は空間で，応力が作用する断面を仮想的に考えることができませんよね．

する[*2]．x 軸上の応力は

$$\sigma_{yy} = \sigma_\infty \frac{a+x}{\sqrt{x(2a+x)}} \tag{4.2}$$

と変形できる[*3]．式 (4.2) を級数展開すると[*4]，応力は，

$$\sigma_{yy} = \sigma_\infty \frac{x+a}{\sqrt{2ax}} \left[1 - \frac{1}{2}\frac{x}{2a} + \frac{1}{2}\frac{3}{4}\left(\frac{x}{2a}\right)^2 - \cdots \right] \tag{4.3}$$

となり，クラック先端近傍（$x \approx 0$）では近似的に

$$\sigma_{yy} = \sigma_\infty \sqrt{\frac{a}{2x}} \tag{4.4}$$

と求まる[*5]．すなわち，クラック先端近傍の応力はクラック先端からの距離 x の $-1/2$ 乗に比例して変化する．

例題 4.1

クラック先端の x 軸上の応力 σ_{yy} について，式 (4.2) で与えられる厳密解と式 (4.4) で与えられる近似解とを比較せよ．

解答 4.1

式 (4.2) で与えられる σ_{yy}(厳密解) と式 (4.4) で与えられる σ_{yy}(近似解) を比較すれば，

$$x = 0.1a: \quad \frac{\sigma_{yy}\,(\text{近似解})}{\sigma_{yy}\,(\text{厳密解})} = 0.93$$

$$x = 0.2a: \quad \frac{\sigma_{yy}\,(\text{近似解})}{\sigma_{yy}\,(\text{厳密解})} = 0.87$$

となり，この程度の範囲であれば，式 (4.4) でよく近似できていることがわかる．■

4.2 応力拡大係数

クラック先端近傍の応力は，式 (4.4) の $\sqrt{1/(2x)}$ にかかる係数だけに注目し，

---

*2 クラックの問題では，状況によって原点の位置が変わりますので注意して下さい．

*3 単に座標の原点をクラック先端に移動しただけです．

*4 $(1+x)^a = 1 + ax + [a(a-1)/2!]x^2 + \cdots$ を使います．

*5 式 (4.3) における右辺の第 1 項は $x = 0$ で発散しますが，第 2 項以降の高次項は $x = 0$ で 0 となります．したがって，クラック先端近傍では，第 1 項目が他の項に比べて非常に大きくなるため，第 2 項以降を無視できます．

$$\sigma_\infty \sqrt{\pi a} = K \tag{4.5}$$

とおくと[*6]，次のように書ける．

$$\sigma_{yy} = \frac{K}{\sqrt{2\pi x}} \tag{4.6}$$

この K は，クラック先端の応力場の強さ（厳しさ）を表すパラメータで，**応力拡大係数**（stress intensity factor）と呼ばれる[*7]．単位は $\mathrm{Pa}\cdot\sqrt{\mathrm{m}}$ である．式 (4.4) または式 (4.6) より，クラック先端すなわち $x = 0$ では，引張応力は無限大となる[*8]．一方，クラック先端からの距離 x の点における応力を σ_{yy} とすると，極限

$$\lim_{x \to 0} \sigma_{yy} \sqrt{2\pi x} \tag{4.7}$$

は，常に有限値[*9] となり，K に等しい．

式 (4.6) から，クラック先端近傍の応力分布は，図 4.3 に示すように，応力拡大係数 K の大小で大きさが変化する平行曲線で与えられる[*10]．また，式 (4.5)

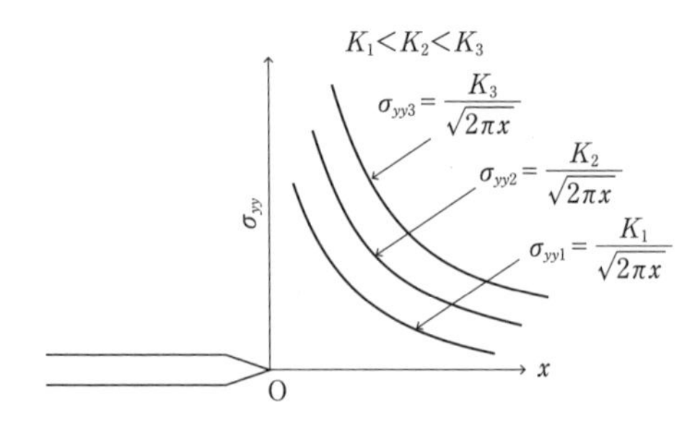

図 4.3　クラック先端近傍における応力分布と応力拡大係数

---

*6　アーウィンの共同研究者ジョゼフ・キース（1906〜1975）の頭文字 K を用いたようです．

*7　アーウィンは，クラック先端の応力場を解析し，1957 年に米国機械学会が編集している国際雑誌 *Journal of Applied Mechanics* で成果を発表しました．応力拡大係数を求める一般式はなく，個々のケースに応じて理論，数値計算，実験によって求めるしかありません．一般に，ハンドブック的にまとめられている文献 [1, 4, 5, 8, 18, 19] が利用されています．

*8　材料力学では，脆性材料が静荷重を受けるとき，応力が引張強さに達すると壊れると考えます（式 (2.10)）が，クラックが存在すると応力は無限大です．応力集中の概念でクラックを扱うことはできません．

*9　$\infty \times 0$ です．

*10　応力分布の大きさは K に比例し，応力分布の形は $\sqrt{x}$ に反比例します．

より，応力拡大係数 K は，負荷応力 σ_∞ とクラック長さ a のみによって決まり，座標には依存しない[*11]．

例題 4.2

無限遠で一様な引張応力 σ_∞ が作用するクラックを持つ無限平板がある．引張応力 $\sigma_\infty = 100$ MPa，クラック長さ $2a = 16$ mm のとき，このクラック先端近傍における応力拡大係数を求めよ．

解答 4.2

式 (4.5) より応力拡大係数 K は，

$$K = \sigma_\infty \sqrt{\pi a} = 100 \times \sqrt{\pi \times (8 \times 10^{-3})} = 15.8 \ \mathrm{MPa} \cdot \sqrt{\mathrm{m}}$$

■

図 4.1 では，クラック面が互いに離れるように変形する場合を考えたが，実際に外力を受ける機械や構造物の応力分布はもっと複雑である．しかし，クラック先端近傍の応力場は，図 4.4 に示すような 3 つの型に分類[*12]でき，これらの変形様式を適当に重ね合わせることによって，クラック先端近傍の任意の応力場を記述することができる．クラック先端近傍の変形場も同様である．図 4.4

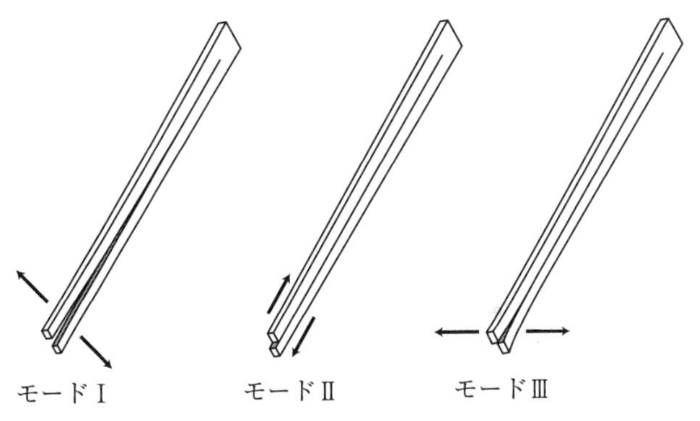

図 4.4　割り箸の変形モード

[*11] クラック長さが異なる 2 つの試験片を用意した場合，K が等しくなるように負荷応力を変えれば，クラック先端近傍で全く同じ応力分布を生じさせることができますよ．例えば，クラック長さ 1 mm の切欠き引張試験片に 10 MPa の垂直応力を負荷したとします．では，クラック長さが 10 cm のとき，何 MPa 負荷すれば，K は同じくなりますか？　そう，1 MPa ですね．

[*12] 割り箸を例に説明しています．

のように，モード I（開口モード：opening mode），モード II（面内せん断モード：in-plane mode），モード III（面外せん断モード：out-of-plane mode）がある．式 (4.6) は，図 4.4 のモード I の場合である[*13].

4.3　特異応力場と変位場

図 4.5 に示すように，クラック前縁上に原点 O をとり，x 軸がクラックの長さ方向，y 軸がクラック面の法線方向，z 軸が前縁の接線方向となるように直交座標系 O–xyz と，クラック面を基準とする極座標系 O–$r\theta z$ を考える．この場合も，クラック先端近傍の応力場はそれぞれの変形モードに応じた応力拡大係数 K により記述できる．応力拡大係数 K は，クラック面の各変形モードによって異なるため，一般にモード I，モード II およびモード III の場合，それぞれ K_{I}，K_{II} および K_{III} で表す．

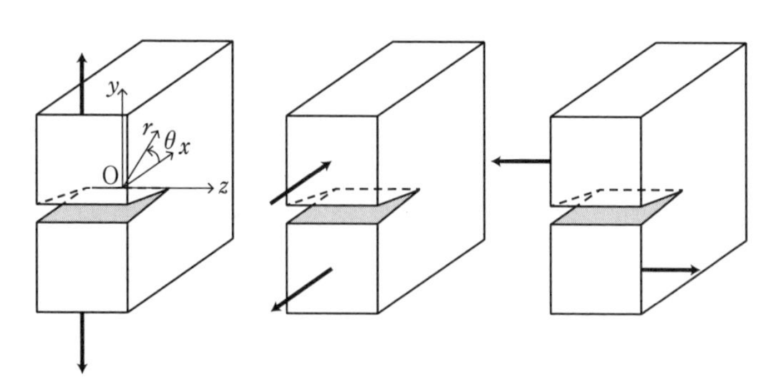

図 4.5　クラックの変形モードとクラック面を基準とする座標系

クラック先端近傍における任意の点 (r, θ, z) の 6 個の応力成分 $\sigma_{xx}(r, \theta, z)$，$\sigma_{yy}(r, \theta, z)$，$\sigma_{zz}(r, \theta, z)$，$\sigma_{xy}(r, \theta, z)$，$\sigma_{yz}(r, \theta, z)$，$\sigma_{zx}(r, \theta, z)$ は，それぞれのモードに対し，応力拡大係数を用いて次式のように表せる[*14].

---

*13　皆さん，割り箸をどうやって 2 つに割りますか？　モード I のようにではないでしょうか．多くの破壊現象はモード I が支配的なのですよ．

*14　複素応力関数（例えば文献 [29]）や積分変換・積分方程式（例えば文献 [20]）を用いて導びくことができます．

モード I：

$$\begin{Bmatrix} \sigma_{xx} \\ \sigma_{yy} \\ \sigma_{xy} \end{Bmatrix} = \frac{K_{\mathrm{I}}}{\sqrt{2\pi r}} \begin{Bmatrix} \cos\frac{\theta}{2}\left(1 - \sin\frac{\theta}{2}\sin\frac{3}{2}\theta\right) \\ \cos\frac{\theta}{2}\left(1 + \sin\frac{\theta}{2}\sin\frac{3}{2}\theta\right) \\ \sin\frac{\theta}{2}\cos\frac{\theta}{2}\cos\frac{3}{2}\theta \end{Bmatrix} \tag{4.8}$$

モード II：

$$\begin{Bmatrix} \sigma_{xx} \\ \sigma_{yy} \\ \sigma_{xy} \end{Bmatrix} = \frac{K_{\mathrm{II}}}{\sqrt{2\pi r}} \begin{Bmatrix} -\sin\frac{\theta}{2}\left(2 + \cos\frac{\theta}{2}\cos\frac{3}{2}\theta\right) \\ \sin\frac{\theta}{2}\cos\frac{\theta}{2}\cos\frac{3}{2}\theta \\ \cos\frac{\theta}{2}\left(1 - \sin\frac{\theta}{2}\sin\frac{3}{2}\theta\right) \end{Bmatrix} \tag{4.9}$$

モード III：

$$\begin{Bmatrix} \sigma_{yz} \\ \sigma_{zx} \end{Bmatrix} = \frac{K_{\mathrm{III}}}{\sqrt{2\pi r}} \begin{Bmatrix} \cos\frac{\theta}{2} \\ -\sin\frac{\theta}{2} \end{Bmatrix} \tag{4.10}$$

ただし，モード I とモード II に対しては，

$$\sigma_{yz} = \sigma_{zx} = 0 \tag{4.11}$$

であるが，垂直応力 σ_{zz} は形状によって異なる．図 4.6(a) に示すように，厚さ B が非常に小さい場合（$B \to 0$），z 方向の垂直応力成分を 0 と仮定できる[*15]ので，

$$\sigma_{zz} = 0 \tag{4.12}$$

である．このような状態を平面応力（plane stress）状態という[*16]．一方，図 4.6(b) のように，厚さ B が非常に大きい場合（$B \to \infty$），z 方向の垂直ひずみ成分を $\varepsilon_{zz} = 0$ と仮定できる[*17]ので，式 (1.11) より

---

*15　そもそも $B \to 0$ ですので，z 面（仮想断面）が定義できませんね．$\sigma_{zz} = \sigma_{zx} = \sigma_{zy} = 0$ になります．

*16　平面応力状態の応力とひずみの関係は例題 1.2 の問 1 で導いています．

*17　そもそも $B \to \infty$ ですので，z 方向変位が定義できませんね．$u_z = 0$ で，$\varepsilon_{zz} = \varepsilon_{zx} = \varepsilon_{zy} = 0$ になります．

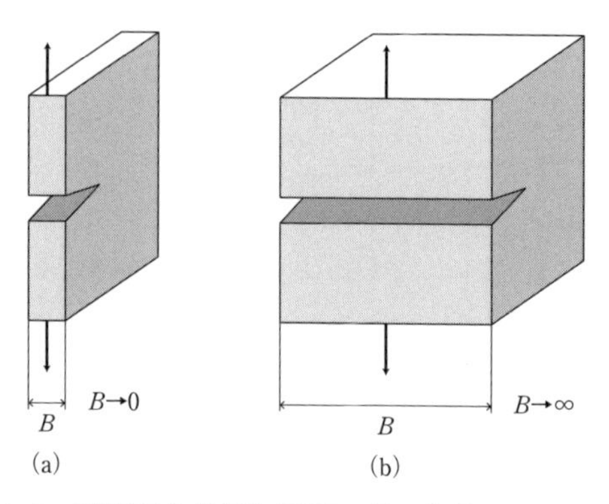

図 4.6　平面応力状態と平面ひずみ状態のクラック材

$$\sigma_{zz} = \nu\left(\sigma_{xx} + \sigma_{yy}\right) \tag{4.13}$$

となる．このような状態は**平面ひずみ**（plane strain）状態と呼ばれる[*18]．また，モード III に対しては，

$$\sigma_{xx} = \sigma_{yy} = \sigma_{zz} = \sigma_{xy} = 0 \tag{4.14}$$

である．各変形モードは，単独に生じるだけでなく，組み合わせて生じることもあり，そのような場合を**混合モード**（mixed mode）という．

式 (4.8)～(4.10) より，クラック先端近傍の応力成分は K の値によって一義的に決定される．すなわち，クラック長さや負荷応力が異なっていても，K の値が同じであれば，クラック先端近傍の応力場は全く同じになる[*19]．

変位場も次のように導くことができる．

モード I：

$$\begin{Bmatrix} u_x \\ u_y \end{Bmatrix} = \frac{K_{\mathrm{I}}}{2\mu}\sqrt{\frac{r}{2\pi}} \begin{Bmatrix} \cos\dfrac{\theta}{2}\left[\kappa - 1 + 2\sin^2\dfrac{\theta}{2}\right] \\ \sin\dfrac{\theta}{2}\left[\kappa + 1 - 2\cos^2\dfrac{\theta}{2}\right] \end{Bmatrix} \tag{4.15}$$

---

*18　平面ひずみ状態の応力とひずみの関係は例題 1.2 の問 2 で導いています．

*19　実機で生じるクラックや破壊現象を，実験室の小さな試験片で再現できることを意味しています．

モード II：

$$\begin{Bmatrix} u_x \\ u_y \end{Bmatrix} = \frac{K_{\mathrm{II}}}{2\mu}\sqrt{\frac{r}{2\pi}} \begin{Bmatrix} \sin\dfrac{\theta}{2}\left[\kappa + 1 + 2\cos^2\dfrac{\theta}{2}\right] \\ -\cos\dfrac{\theta}{2}\left[\kappa - 1 - 2\sin^2\dfrac{\theta}{2}\right] \end{Bmatrix} \tag{4.16}$$

モード III：

$$u_z = \frac{2K_{\mathrm{III}}}{\mu}\sqrt{\frac{r}{2\pi}}\sin\frac{\theta}{2} \tag{4.17}$$

式 (4.15)，(4.16) 中の κ は，平面応力状態では

$$\kappa = \frac{3-\nu}{1+\nu} \tag{4.18}$$

平面ひずみ状態では

$$\kappa = 3 - 4\nu \tag{4.19}$$

となる．

4.4 応力拡大係数の実際例

前節までは，理想的な場合として，無限平板にクラックが存在する場合について取り扱ってきたが，実際の部材では，板幅や長さは有限である．しかし，この場合でも，クラック先端近傍の応力場を式 (4.8)～(4.10) で表すことができる．ただし，応力拡大係数は，式 (4.5) ではなく，クラック長さと板幅の比 a/W に依存する補正係数 $F = f(a/W)$ を用いて，

$$K = \sigma_\infty\sqrt{\pi a}\cdot F = \sigma_\infty\sqrt{\pi a}f(a/W) \tag{4.20}$$

のように書き換えられる．表 4.1，4.2 に $f(a/W)$ のデータ例を示す．

表 4.1 応力拡大係数の補正係数（長さ $2a$ の中央クラックを有する幅 $2W$ の無限長平板が無限遠で一様な引張応力を受ける場合）

a/W	0.0	0.1	0.2	0.3	0.4	0.5	0.6	0.7	0.8
$f(a/W)$	1.0000	1.0060	1.0246	1.0577	1.1094	1.1867	1.3033	1.4882	1.8160

表 4.2　応力拡大係数の補正係数（長さ a の片側クラックを有する幅 W の無限長平板が無限遠で一様な引張応力を受ける場合）

a/W	1.0×10^{-3}	0.1	0.2	0.3	0.4	0.5	0.7	0.8
$f(a/W)$	1.1223	1.1957	1.3667	1.6551	2.1080	2.8266	6.3755	11.9926

例題 4.3

無限遠で一様な引張応力 σ_∞ が作用する長さ a の片側クラックを持つ幅 W の無限平板がある．応力拡大係数が

$$K_{\mathrm{I}}=\sigma_\infty\sqrt{\pi a}\sqrt{\frac{W}{\pi a}}f(a/W)$$

で与えられるとき，片側クラックを持つ半無限平板 $(a\ll W)$ の K_{I} を近似的に求めよ．ただし，

$$f(a/W)=\frac{\sqrt{2\tan\dfrac{\pi a}{2W}}}{\cos\dfrac{\pi a}{2W}}\left[0.752+2.02\left(\frac{a}{W}\right)+0.37\left(1-\sin\frac{\pi a}{2W}\right)^3\right]$$

である．

解答 4.3

$a\ll W$ のとき，$\tan\dfrac{\pi a}{2W}\approx\dfrac{\pi a}{2W}$，$\cos\dfrac{\pi a}{2W}\approx1$，$\sin\dfrac{\pi a}{2W}\approx0$ となるので

$$f(a/W)\approx\sqrt{\frac{\pi a}{W}}(0.752+0.37)$$

したがって

$$K_{\mathrm{I}}\approx1.12\sigma_\infty\sqrt{\pi a}$$

片側クラックの K_{I} が式 (4.5) に比べ 12%大きい．これは縁の影響による．■

応力拡大係数をコンピュータシミュレーションで求めてみよう

下図のように幅 20 mm，長さ 50 mm，厚さ $t=1$ mm の板に長さ $2a=5$ mm の中央クラックがあったとする．この板の両端に 1 kN を負荷した場合の応力拡大係数を，応力法と変位法を使って求めてみよう．ただし，縦弾性係数を 200 GPa，ポアソン比を 0.3 とし，平面応力状態を仮定してよい．

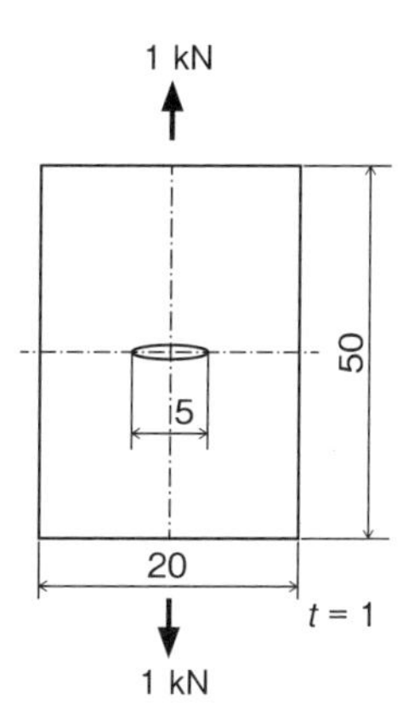

ヒント：

数値解析法の一つである有限要素法は，構造全体を有限個の要素（メッシュ）と呼ばれる小領域に分割して，応力や変位を計算する方法です．計算で得られた応力[*20]や変位から応力法や変位法を使って応力拡大係数を求めます．

応力法では，式 (4.8) の第 2 式に $\theta = 0$ を代入し，

$$K_{\mathrm{I}} = \lim_{r \to 0} \sigma_{yy} \sqrt{2\pi r}$$

から応力拡大係数が求まります．また，変位法では，式 (4.15) の第 2 式に $\theta = \pi$ を代入し，式 (1.16)，(4.18) を考慮して整理すると，

$$K_{\mathrm{I}} = \lim_{r \to 0} \frac{Eu_y}{4} \sqrt{\frac{2\pi}{r}}$$

から求まります．下図 (a) に示すような節点の解を用いて下図 (b)，(c) のようなグラフを描くことで，縦軸との切片から K_{I} が求められます．

メッシュの分割数を変えると，結果がどの程度変わるか考察してみよう．

[*20] 節点（要素の各頂点）の応力は節点を共有する隣り合う要素との平均値となります．

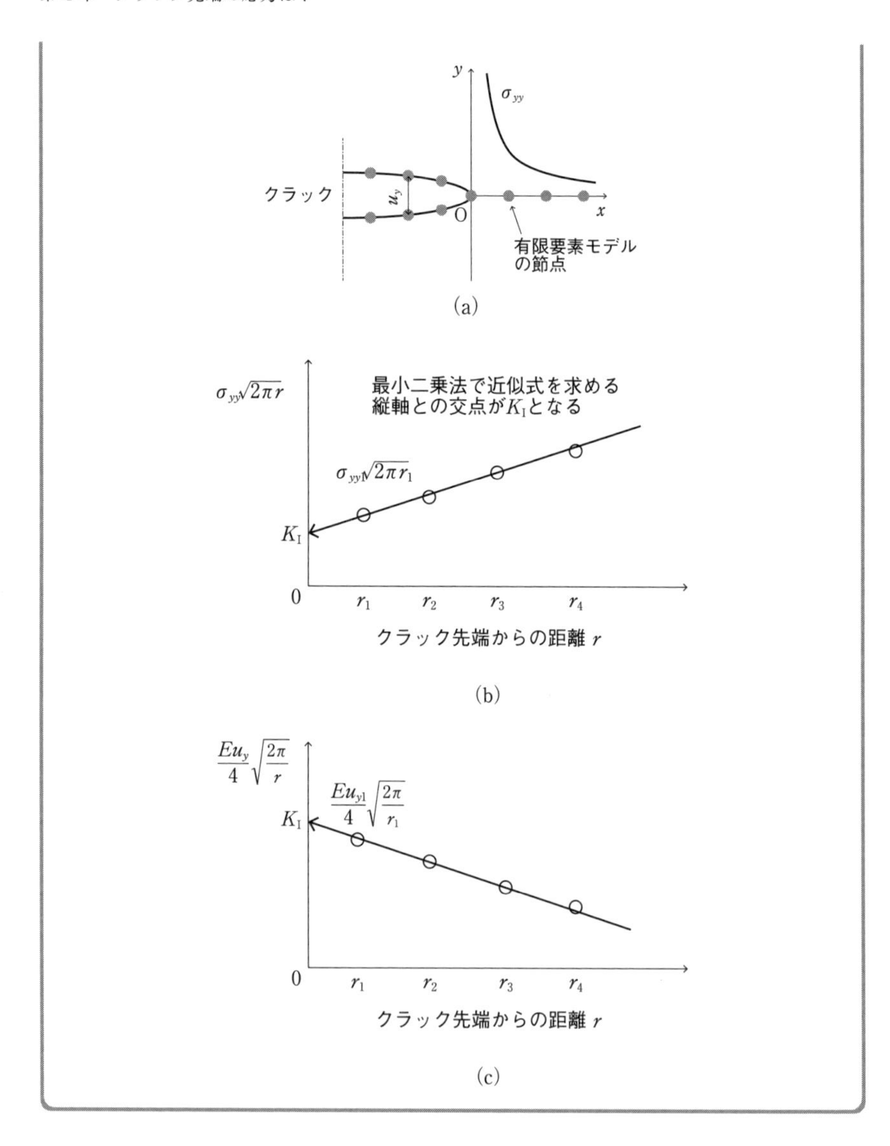

4.5　応力拡大係数とエネルギー解放率の関係

脆性破壊などのクラック進展を支配する最も基本的かつ重要な様式は，クラッ

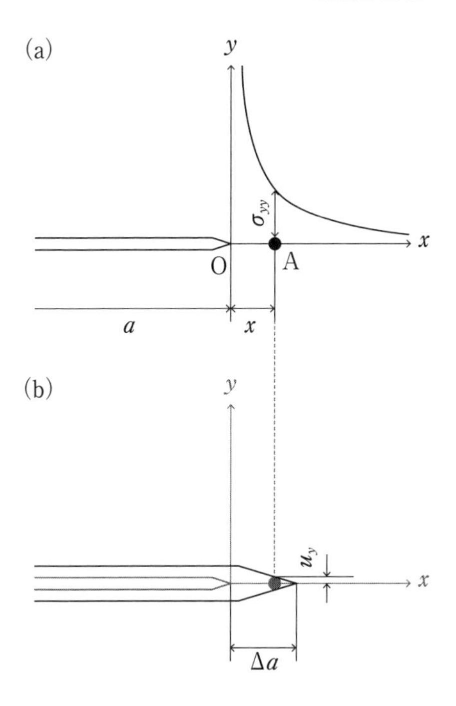

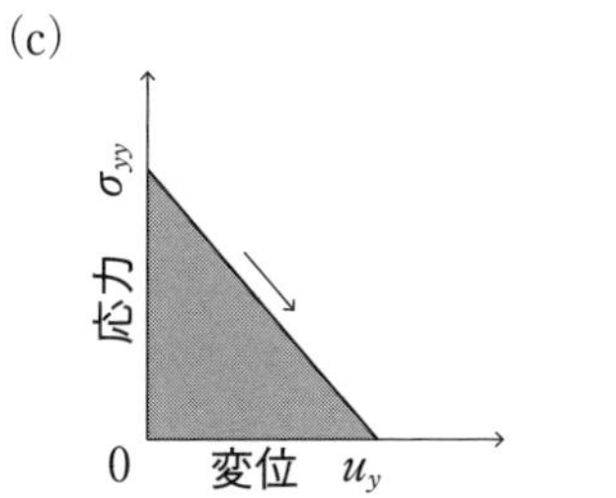

図 **4.7**　クラックの進展によるエネルギーの変化

ク面に対して垂直な引張応力によるモード I である．いま，図 4.7(a) に示すように，長さ a のクラックを考え，クラック先端を原点として直交座標系 O–xy を採用し，クラックが進展する方向に x 軸をとる．垂直応力分布は図の実線で示される．原点から距離 x における $y=0$ 面上の点 A に注目し，点 A における垂直応力を $\sigma_{yy}(x)$ とおく．また，図 4.7(a) の状態からクラックが Δa だけ進展した状況も考え，図 4.7(b) のように，点 A におけるクラックの開口変位を $u_y(x)$ とおく．

このとき，図 4.7(a) の状態では，点 A における応力は $\sigma_{yy}(x)$，変位は 0 である[*21] のに対し，図 4.7(b) の状態では，応力は 0 となり[*22]，変位は $u_y(x)$ である．点 A におけるクラック開口変位が 0 から $u_y(x)$ まで線形的に増大していったと仮定すると，クラック材は点 A において図 4.7(c) の三角形の面積で与えられるエネルギー

$$\frac{1}{2}\sigma_{yy}(x)u_y(x) \tag{4.21}$$

だけ減少したことになる[*23]．式 (4.21) はクラックが開口した際に点 A で減少したエネルギーを表しているので，クラックが Δa だけ進展して領域 $0 \leq x \leq \Delta a$ のクラックが開口したときに減少するエネルギーを求めるには，式 (4.21) を 0 から Δa まで積分すればよい[*24]．板の厚さを B とすると，そのエネルギーは

$$B \times 2\int_0^{\Delta a} \frac{1}{2}\sigma_{yy}(x)u_y(x)\mathrm{d}x \tag{4.22}$$

で与えられる[*25]．式 (4.22) が式 (3.9) あるいは式 (3.13) で与えられるエネルギーの変化量[*26] に等しいので，

$$-\Delta\Pi = B \times 2\int_0^{\Delta a} \frac{1}{2}\sigma_{yy}(x)u_y(x)\mathrm{d}x \tag{4.23}$$

とおける[*27]．式 (4.23) の $\sigma_{yy}(x)$ は式 (4.8) の第 2 式に $r = x, \theta = 0$ を代入（図 4.8(a)）すれば求まり，$u_y(x)$ は式 (4.15) の第 2 式に $r = \Delta a - x, \theta = \pi$ を代入（図 4.8(b)）して求まる[*28]．したがって，求めた $\sigma_{yy}(x), u_y(x)$ を式 (4.23) に代入して整理すれば，

$$-\Delta\Pi = B\int_0^{\Delta a} \sigma_{yy}(x)u_y(x)\mathrm{d}x$$

[*21] クラックは開口していませんからね．

[*22] クラック面では，応力自由です．

[*23] 説明の都合上「エネルギー」と書きました．単位は N·m になっていませんが，気にしないで読み進めて下さい．

[*24] 点 A を図 4.7(a) の原点から図 4.7(b) のクラック先端まで移動しつつ式 (4.21) を求め，それらを合計するという意味です．

[*25] 2 をかけている理由は，クラックには上面と下面があるからです．

[*26] 三角形 OAC（図 3.4(b)）または三角形 AOE（図 3.5(b)）の面積ですよ．

[*27] 失われるエネルギーですので，マイナスが付きます．

[*28] クラックは開いていますので，クラック面は x 上にありません．しかし，あくまで変形前の状態で考えます．

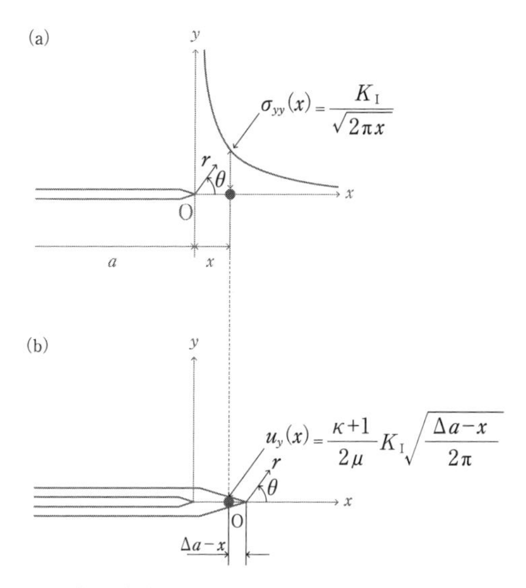

図 4.8 進展前後のクラック先端を原点とする極座標系

$$
\begin{aligned}
&= B \int_0^{\Delta a} \frac{K_{\mathrm{I}}}{\sqrt{2\pi x}} \frac{K_{\mathrm{I}}}{2\mu} \sqrt{\frac{\Delta a - x}{2\pi}} (\kappa + 1) \mathrm{d}x \\
&= \frac{(\kappa + 1)B}{4\mu\pi} K_{\mathrm{I}}^2 \int_0^{\Delta a} \sqrt{\frac{\Delta a - x}{x}} \mathrm{d}x \\
&= \frac{(\kappa + 1)K_{\mathrm{I}}^2}{8\mu} B\Delta a
\end{aligned}
\tag{4.24}
$$

となる[*29].

クラックが単位長さ進展する際のエネルギー変化量は，式 (4.24) を変形し，

$$
-\frac{\Delta\Pi}{B\Delta a} = \frac{(\kappa + 1)}{8\mu} K_{\mathrm{I}}^2 \tag{4.25}
$$

で与えられる．式 (4.25) の左辺は，式 (3.14) の右辺と同じで，$\Delta a \to 0$ の極限をとると，式 (3.15) のようにエネルギー解放率 G になる．したがって，例えば薄い板すなわち平面応力の場合，式 (4.18) と式 (1.16) を式 (4.25) の右辺に代入して整理すると，関係式

$$
G = \frac{K_{\mathrm{I}}^2}{E} \tag{4.26}
$$

[*29] 積分 $\int_0^1 \sqrt{(1 - x)/x} dx = \pi/2$.

が得られる．厚い板すなわち平面ひずみの場合には，同様に次式が導ける．

$$G = \frac{(1-\nu^2)K_\mathrm{I}^2}{E} \tag{4.27}$$

式 (4.26)，(4.27) より，クラックが進展する場合のエネルギー解放率 G とクラック先端近傍の応力を規定する応力拡大係数の間には密接な関係がある．したがって，エネルギー解放率もクラック先端近傍の力学場を表すパラメータである．

式 (4.26) を式 (3.18) に代入すると

$$K_\mathrm{I} = \sqrt{\frac{EP^2}{2B}\frac{\mathrm{d}C}{\mathrm{d}a}} \tag{4.28}$$

が，また，式 (4.27) を式 (3.18) に代入すると

$$K_\mathrm{I} = \sqrt{\frac{EP^2}{2B(1-\nu^2)}\frac{\mathrm{d}C}{\mathrm{d}a}} \tag{4.29}$$

が得られる．図 3.8 から，応力拡大係数も実験的に求めることができる．

クラックの長さと強度～どの程度変わるか体験しよう～

これからクラック長さによって，単語カードの強度が極端に変わることを体験してもらいます．

用意する物：

単語カード（できるだけ大きい方が扱いやすい），はさみ，定規

実験手順：～“カン” に頼るので集中して！～

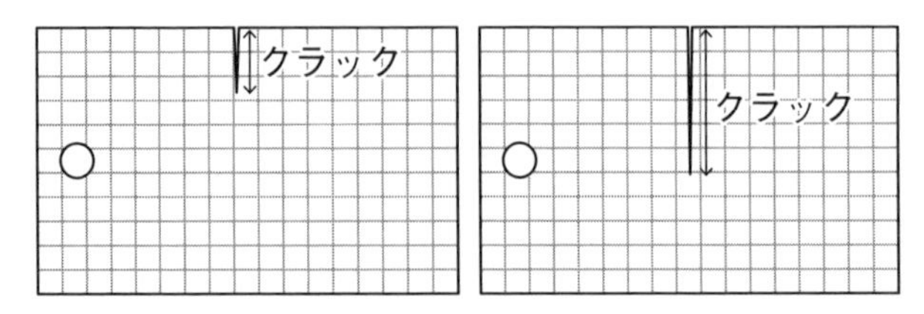

1) 単語カードを 2 枚用意し，それぞれにはさみで切り込みを入れ，これをクラックとする．ただし，クラック長さを 2 倍以上変えること．

2）定規でクラック長さを測定する．
3）長いクラックを入れた単語カードの両端をつかみ，クラックに直交する方向にゆっくりと力を加えて紙を切る．決して曲げないこと．感触を覚えておく！
4）同様に，短いクラックを入れた単語カードの両端をつかみ，クラックに直交する方向にゆっくりと引っ張って紙を切る．先ほどの感触と比べて，何倍くらい力が違いますか？
5）同じ K 値で切れていると仮定すると，負荷した力は何倍違ったか求めてみよう．

演習：

いま行った実験と同じサイズの試験片において，長さ 10 mm のクラックを入れたとする．切れたときの荷重が 20 N であったとすると，応力拡大係数はいくらか求めなさい．

解答例：

試験片の幅を 45 mm，厚さを 0.2 mm とすると，断面積は 9 mm^2 となります．これより，負荷応力は，式 (1.5) から，2.22 MPa と求まります．

いま半無限板の片側縁クラックを考えると，応力拡大係数は，例題 4.3 を考慮して

$$K = \sigma_\infty \sqrt{\pi a} \cdot f(a/W) = 2.22 \times 10^6 \sqrt{\pi \times 10 \times 10^{-3}} \times 1.12$$
$$= 0.44\ \mathrm{MPa} \cdot \sqrt{\mathrm{m}}$$

演　習　問　題

1　無限遠で一様な引張応力 σ_∞ が作用するクラックを持つ無限平板があり，クラック中心を原点とする直交座標系を O–xy，クラック先端を原点とする極座標系を O–$r\theta$ とする．クラックが x 軸上に存在するとき，クラック線上（$\theta = 0$）における垂直応力 σ_{yy} の分布を，クラック先端からの距離 r，応力拡大係数 K を用いて表し，図に示せ．

2　無限遠で一様な引張応力 $\sigma_\infty = 200$ MPa が作用するクラックを持つ無限平板がある．クラック長さ $2a = 10$ mm のとき，クラック先端近傍における応力拡大係数を求めよ．また，平面ひずみ状態を仮定したとき，エネルギー解放率を求めよ．ただし，縦弾性係数を $E = 200$ GPa，ポアソン比を $\nu = 0.3$ とする．

3　無限遠で一様な引張応力 $\sigma_\infty = 200$ MPa が作用する片側クラックを持つ半無限平板がある．クラック長さ $a = 5$ mm のとき，クラック先端近傍における応力拡大係数を求めよ．また，平面応力状態を仮定したとき，エネルギー解放率を求めよ．ただし，縦弾性係数を $E = 200$ GPa，ポアソン比を $\nu = 0.3$ とする．

4　試験片中央部に長さ $2a = 20$ mm のクラックを持つ十分長い平板（板幅 $2W = 100$ mm）に，長手方向に一様な引張応力 $\sigma_\infty = 100$ MPa を負荷した．このとき，クラック先端近傍における応力拡大係数を求めよ．

5　図 3.7 のように長さ l，幅 B，高さ $2h$ の板に長さ a の切込みが入っている．この板に一定荷重 P を作用させたところ，切込みの先端からクラックが進展を開始した．このときのエネルギー解放率を求めよ．また，平面応力状態を仮定した場合，応力拡大係数 K を求めよ．ただし，この板の縦弾性係数を E，ポアソン比を ν とする．

第5章 クラックまわりの塑性変形

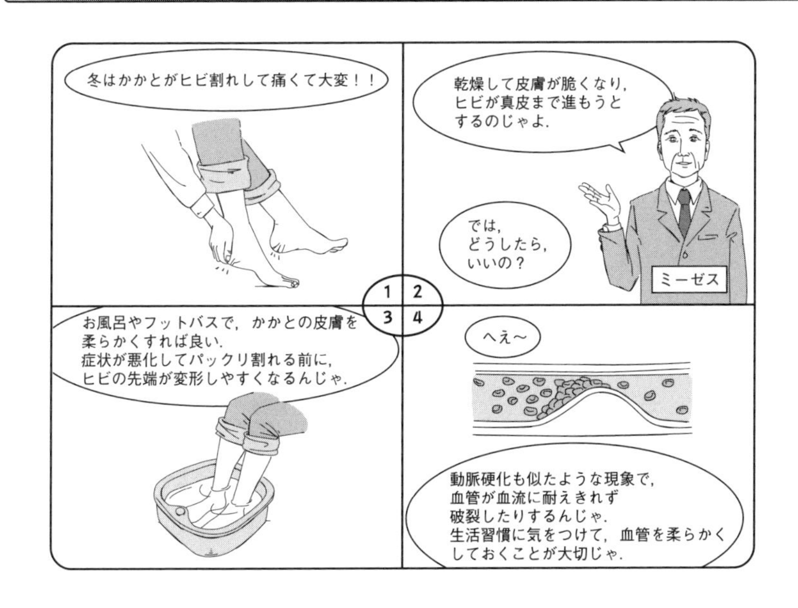

5.1 クラック先端でのすべり

材料にいったんクラックが入ると，式 (4.1) より，応力が無限大となる特異点がクラック先端に現れる．しかし，実際の材料[*1]では，応力が無限大になる前に式 (1.3) を満足し，塑性変形が開始する．したがって，クラック先端近傍での塑性変形について調べておく必要がある．

[*1] 例えば金属材料.

モード I 形式の負荷を受けているクラックの先端では，2 組のすべり系[*2] が対称に生じていると考えると都合がよい．図 5.1(a) に示すように，引張応力 σ が作用するクラック材を考える．破線で示されるクラック先端の 2 つのすべり面のうち，片方のみですべりが生じる場合，クラック先端ですべり面が分離し，図 5.1(b) のように新しい面が形成される．その結果，応力集中点が移動し，その点で新たにすべりが生じて，すべり面分離により新しい面がまた形成される．このように，クラック先端で対称なすべり面が交互に生じることで，クラックは開口する．これをクラック先端の塑性鈍化（blunting）と呼ぶ（図 5.1(c)）．

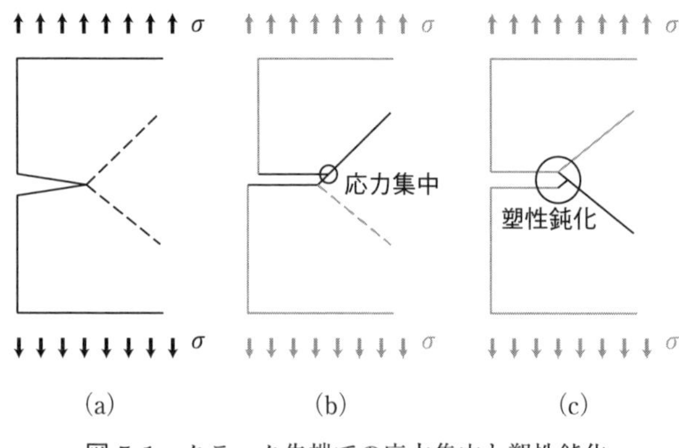

図 5.1　クラック先端での応力集中と塑性鈍化

5.2　クラック面上の塑性域寸法

クラックを含む材料が外力を受けているとき，通常クラック先端近傍には塑性域が存在する．いま，図 4.5 に示すようなクラック材を取り上げ，モード I 形式の負荷を受ける場合を考える．クラック面上の垂直応力は，式 (4.8) の第 1 式，第 2 式に $\theta = 0$ を代入し，

$$\sigma_{xx} = \sigma_{yy} = \frac{K_{\mathrm{I}}}{\sqrt{2\pi r}} \tag{5.1}$$

[*2] 図 1.2(b) に示したように，塑性変形はせん断応力と密接に関係する「すべり変形」によって生じます．すべり変形が起きる結晶学的な面をすべり面，方位（方向）をすべり方向といい，両者の組合せをすべり系と呼びます．

となる．クラック材は，式 (5.1) の σ_{yy} が降伏応力 σ_{Y} に達し，式 (1.3) を満足するときに降伏する．したがって，クラック先端前方における $y=0$ 面上での塑性域の寸法は

$$r_{\mathrm{p}} = \frac{1}{2\pi}\left(\frac{K_{\mathrm{I}}}{\sigma_{\mathrm{Y}}}\right)^2 \tag{5.2}$$

と求まる．クラック先端近傍の応力分布は，図 5.2 の破線で示されるが，実際は応力特異性が降伏によって消え[*3]，実線のようになる．すなわち，降伏が生じると平衡状態を保つように応力が破線から実線に再分配され，式 (5.2) の r_{p} は厳密には正しくない．応力が降伏応力以上にならない弾完全塑性材料では，斜線部の荷重が調整されて塑性域の寸法が大きくなる．実際の塑性域の寸法を ω とすると，力のつり合い条件から

$$\int_0^{r_{\mathrm{p}}} \sigma_{yy}\mathrm{d}x = \sigma_{\mathrm{Y}}\omega \tag{5.3}$$

が成立するので，これに式 (4.8) の第 2 式を代入し，$\theta=0$ として ω について解くと，

$$\omega = \frac{1}{\pi}\left(\frac{K_{\mathrm{I}}}{\sigma_{\mathrm{Y}}}\right)^2 \tag{5.4}$$

が得られる．塑性域の寸法は，破壊を議論するための試験片寸法を考える際，

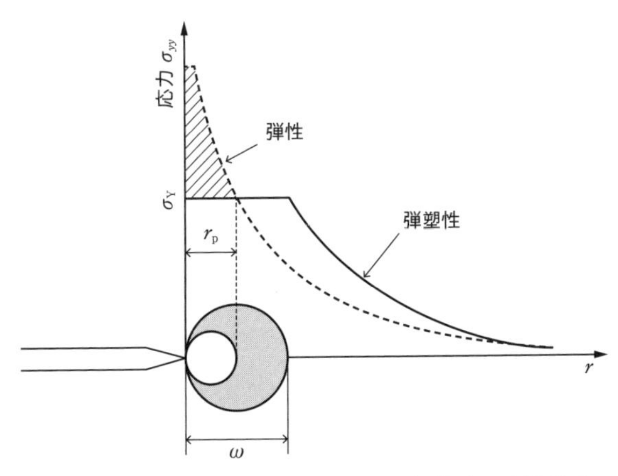

図 5.2 クラック先端近傍における塑性域の寸法推定

[*3] 図 5.2 の斜線部.

重要な尺度となる[*4].

5.3　破損の条件

部材に引張応力のみが作用する場合でも，クラックが存在すると，その近傍の応力は式 (4.8)〜(4.10) の通り多軸応力状態[*5] となる．したがって，クラック先端近傍の塑性域を調べる前に，多軸応力下における降伏条件を知っておく必要がある．

5.3.1　応力ベクトルと応力成分

図 1.4(a) の棒 1 を仮想的に斜めに切断してみると，図 5.3(a) のようになる．ここで，面の単位法線ベクトルを $\boldsymbol{n}$ とおき，n 面の断面積を A_n とする．荷重 P_x を受ける棒の n 面には応力ベクトル $\boldsymbol{p}_n$ が生じるので，その x 方向成分を p_{nx} とおく[*6]（図 5.3(b)）．図 5.3(c) のように，棒の y 方向に荷重 P_y を，z 方向に荷重 P_z を同時に負荷する場合[*7] を考えると，n 面には応力ベクトルの y 方向成分 p_{ny}，z 方向成分 p_{nz} も生じる．図 5.3(d) に応力ベクトルとその成分の関係を示している[*8].

図 5.4(a) のように，x 方向の力のつり合いより，

$$p_{nx} = \sigma_{xx} n_x + \sigma_{yx} n_y + \sigma_{zx} n_z \tag{5.5}$$

が導かれる[*9]．ここで，n_x, n_y, n_z は単位法線ベクトル $\boldsymbol{n}$ の x, y, z 方向成分で

---

*4　6.4 節で説明します．

*5　引張応力の他に，圧縮応力やせん断応力，あるいはより複雑な組合せ応力（引張・圧縮，せん断，曲げやねじりを同時に受けて発生する応力）が作用している状態です．

*6　n 面における x 方向という意味です．成分という表現が出てきますが，多軸（二軸または三軸）応力下では，応力ベクトルを互いに垂直な二方向または三方向に分解して考えるためです．

*7　荷重を任意の方向に作用させる場合を考えています．

*8　応力ベクトル $\boldsymbol{p}_n = (p_{nx}, p_{ny}, p_{nz})$ の下付き添え字 n は，面の方向を示しています．ベクトルの方向ではありませんよ．2 つのベクトル $\boldsymbol{p}_n$ と $\boldsymbol{n}$ の方向は必ずしも一致するわけではありません．

*9　力のつり合いをきちんと考えると，応力に断面積を掛けてあげる必要があります．ここでは，途中の計算過程を省略し，結果だけを示しております．なお，n_x 面の三角形の断面積を n 面の三角形の断面積で割り算すると，n_x になります．したがって，式 (5.5) の右辺第 1 項に n_x が現れてきています．同様に，第 2 項，第 3 項に n_y, n_z が現れてきます．

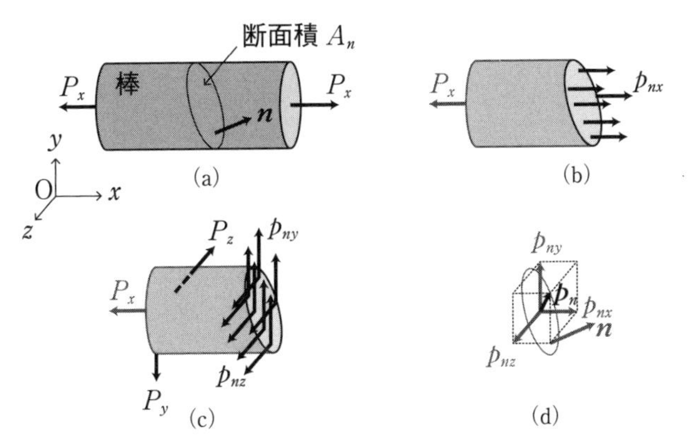

図 5.3　引張荷重を受ける棒の傾斜断面

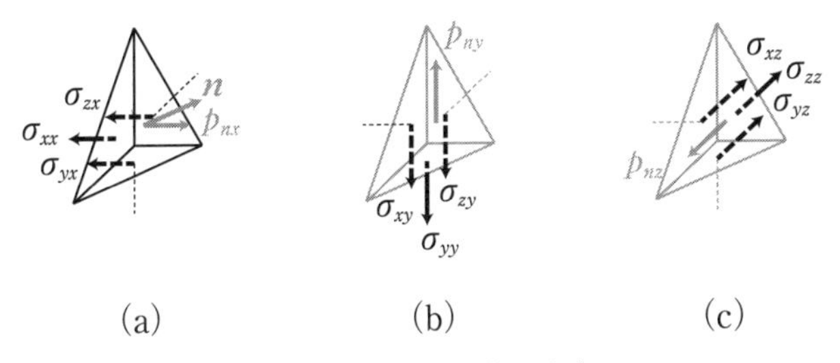

図 5.4　微小四面体の応力

ある．同様に図 5.4(b), (c) のように，y 方向，z 方向の力のつり合いから

$$p_{ny} = \sigma_{xy} n_x + \sigma_{yy} n_y + \sigma_{zy} n_z \tag{5.6}$$

$$p_{nz} = \sigma_{xz} n_x + \sigma_{yz} n_y + \sigma_{zz} n_z \tag{5.7}$$

が得られる*10.

式 (5.5)～(5.7) のように，材料の任意断面に作用する応力は 6 個の応力成分 σ_{xx}, σ_{yy}, σ_{zz}, $\sigma_{xy} = \sigma_{yx}$, $\sigma_{yz} = \sigma_{zy}$, $\sigma_{zx} = \sigma_{xz}$ で決められる．これらの応力成分の組合せが材料の破損を支配する．

5.3.2　せん断応力が作用しない面

式 (5.5)～(5.7) のように，面の方向によって応力成分の値が変化する．図

*10　式 (5.5)～(5.7) をコーシーの公式を呼びます．応力を考えた人の名前が由来です．

5.5(a) のように，応力ベクトルを n 面の法線方向成分 σ_n と接線方向成分 τ_n に分解すると，応力ベクトル $\boldsymbol{p}_n$ の大きさを $p_n = |\boldsymbol{p}_n|$ として，

$$p_n^2 = \sigma_n^2 + \tau_n^2 \tag{5.8}$$

が成立する．

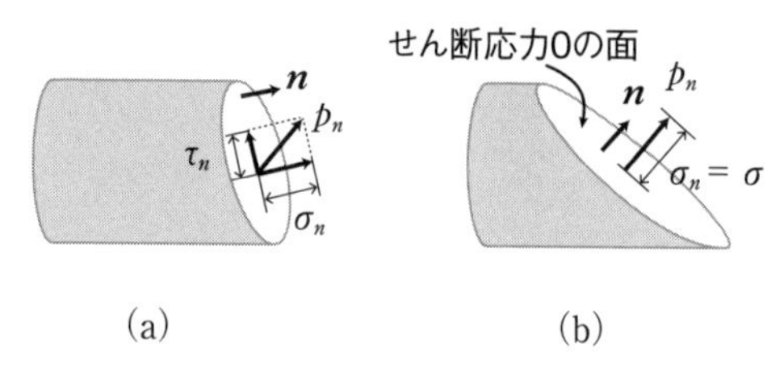

(a)　(b)

図 **5.5**　傾斜断面に作用する垂直応力とせん断応力

いま，せん断応力が 0 となる面を決定し，その面に作用する垂直応力 σ を求める[*11]．図 5.5(b) のように $\sigma_n = \sigma$, $\tau_n = 0$ とすると，応力ベクトルの成分は

$$p_{nx} = \sigma n_x,\ p_{ny} = \sigma n_y,\ p_{nz} = \sigma n_z \tag{5.9}$$

となる．式 (5.5)〜(5.7) および式 (5.9) より，

$$\begin{aligned} (\sigma_{xx} - \sigma)n_x + \sigma_{yx}n_y + \sigma_{zx}n_z &= 0 \\ \sigma_{xy}n_x + (\sigma_{yy} - \sigma)n_y + \sigma_{zy}n_z &= 0 \\ \sigma_{xz}n_x + \sigma_{yz}n_y + (\sigma_{zz} - \sigma)n_z &= 0 \end{aligned} \tag{5.10}$$

が得られ，これはせん断応力が作用しない面の方向余弦 (n_x, n_y, n_z) を決めるための方程式である．σ が式 (5.10) を満足するためには

$$\begin{vmatrix} \sigma_{xx} - \sigma & \sigma_{yx} & \sigma_{zx} \\ \sigma_{xy} & \sigma_{yy} - \sigma & \sigma_{zy} \\ \sigma_{xz} & \sigma_{yz} & \sigma_{zz} - \sigma \end{vmatrix} = 0 \tag{5.11}$$

が成立しなければならない[*12]．上式の 3 つの σ の解 σ_1, σ_2, σ_3 は，せん断応

---

*11　この後，図 5.5(a) の $\boldsymbol{n}$ を変化させて，せん断応力が 0 となる (n_x, n_y, n_z) を求めます．

*12　式 (5.5)〜(5.7) および式 (5.9) を満たす未知数 n_x, n_y, n_z を求めれば，面が決まります．$n_x^2 + n_y^2 + n_z^2 = 1$ より n_x, n_y, n_z が同時に 0 になることはありませんので，n_x, n_y, n_z が 0 以外の解をもつためには，その係数行列式を 0 とする必要があります．

力が 0 の面に作用する垂直応力の大きさであり，**主応力**（principal stress）と呼ばれる．σ_1 は最大主応力である．主応力が生じる面は 3 つ存在して**主応力面**（principal plane of stress）と呼ばれ，この面の法線方向を**主軸**（principal axis）という．$\sigma_1 > \sigma_2 > \sigma_3$ のとき，最大せん断応力は，

$$\tau_{\max} = \frac{1}{2}(\sigma_1 - \sigma_3) \tag{5.12}$$

で与えられ，**主せん断応力**（principal shearing stress）と呼ばれる．主せん断応力が生じる面を**主せん断応力面**（plane of principal shearing stress），この面の法線方向を**主せん断応力軸**（axis of principal shearing stress）という．

5.3.3 多軸応力下での破損則

材料にある臨界値以上の応力が作用すると，降伏あるいは破壊が生じて，材料の機能は損失する．通常，図 1.6 のように，材料に負荷してよい応力の臨界値は単軸引張の応力状態で測定され，破損の判定に式 (1.3) あるいは式 (1.4) が利用される．しかし，クラック材や実際の機械・構造物は多軸応力状態にあることが多い．したがって，多軸応力下でいつ破損（降伏または破壊）が始まるのか定めておく必要がある．

脆性破壊は，図 1.9(a) の曲線 a に示した通り，弾性変形状態で生じる．式 (1.4) の σ に最大主応力 σ_1 を代入すると

$$\sigma_1 \geq \sigma_{\mathrm{B}} \tag{5.13}$$

が得られ，これを**最大主応力説** (maximum principal stress theory) と呼ぶ[*13]．式 (5.13) は，脆性破壊によく当てはまり，脆性材料の強度設計において広く用いられている[*14]．

[*13] 英国の工学者・物理学者のウィリアム・ランキン（1820〜1872）は，鉄道技師でもあり，車軸の破壊実験をしていました．1857 年に王立協会の発行する学術雑誌 *Philosophical Transactions of the Royal Society of London* で最大主応力説を発表しました．

[*14] 一般に脆性材料は，引張強さに比べ圧縮強さが大きいため，使用する際，圧縮応力状態になるよう負荷形態を工夫することが望ましいです．

例題 5.1

次の問に答えよ．

問 1　図 5.3 に示す棒の x 方向に一様な引張荷重を与え，一軸応力 σ_{xx} を作用させたとき，主応力と主せん断応力を求めよ．また，棒が脆性材料の場合，破壊する方向を予測せよ．

問 2　中実丸棒の一端を固定し，他端にねじりモーメントを作用させて丸棒の中心軸を回転の中心としてねじった．このとき，棒軸を z 軸とした直交座標系における応力場は次のように与えられた．

$$\begin{bmatrix} 0 & \sigma_{xy} & 0 \\ \sigma_{xy} & 0 & 0 \\ 0 & 0 & 0 \end{bmatrix}$$

主応力と主せん断応力を求め，棒が脆性材料の場合，破壊する方向を予測せよ．

解答 5.1

問 1　式 (5.11) は

$$\begin{vmatrix} \sigma_{xx} - \sigma & 0 & 0 \\ 0 & -\sigma & 0 \\ 0 & 0 & -\sigma \end{vmatrix} = 0$$

したがって，主応力は $\sigma_1 = \sigma_{xx}, \sigma_2 = \sigma_3 = 0$ となる．また，式 (5.12) より，主せん断応力は $\tau_{\max} = \sigma_{xx}/2$．脆性破壊は最大主応力が作用する面で生じる．式 (5.10) に $\sigma = \sigma_1 = \sigma_{xx}$ を代入して $n_x^2 + n_y^2 + n_z^2 = 1$ を考慮すれば，$n_x = \pm 1, n_y = n_z = 0$ と求まるので，破壊は x 面で生じる[*15]．

問 2　式 (5.11) は

$$\begin{vmatrix} -\sigma & \sigma_{xy} & 0 \\ \sigma_{xy} & -\sigma & 0 \\ 0 & 0 & -\sigma \end{vmatrix} = 0$$

したがって，主応力は $\sigma_1 = \sigma_{xy}, \sigma_2 = 0, \sigma_3 = -\sigma_{xy}$ となる．また，式 (5.12)

[*15] 延性材料の場合は，主せん断応力面すなわち軸線から 45° 傾いた面に沿って破損が生じます．

より，主せん断応力は $\tau_{\max} = \sigma_{xy}$．式 (5.10) に $\sigma = \sigma_1 = \sigma_{xy}$ を代入して $n_x^2 + n_y^2 + n_z^2 = 1$ を考慮すれば，$n_x = \pm\sqrt{1/2}$, $n_y = n_z = 0$ と求まり，脆性破壊は軸線から 45° 傾いた面で生じる[*16]．■

条件 (5.13) が満たされる前に材料が塑性変形すると，延性破壊が生じる傾向にある．いま，式 (5.12) の最大せん断応力が臨界値に達したときに降伏が開始すると考える[*17]．単軸引張の応力状態で測定された σ_{Y} を σ_1 とし，$\sigma_3 = 0$ を考慮すれば，

$$\tau_{\max} = \sigma_{\mathrm{Y}}/2 \tag{5.14}$$

が得られ，これをトレスカの降伏条件と呼ぶ[*18]．式 (5.14) は，最大せん断応力説（maximum shear stress theory）とも呼ばれる．

一方，静水圧[*19] に無関係な応力のみの関数に注目し[*20]，八面体せん断応力[*19] τ_{oct} が臨界値に達したときに降伏が開始すると考え，単軸応力状態で測定された σ_{Y} を σ_1，残りの主応力 σ_2, σ_3 を 0 とすれば，

$$\frac{1}{3}\sqrt{(\sigma_1 - \sigma_2)^2 + (\sigma_2 - \sigma_3)^2 + (\sigma_3 - \sigma_1)^2} = \frac{\sqrt{2}}{3}\sigma_{\mathrm{Y}} \tag{5.15}$$

が得られ，これは延性材料の降伏条件として広く利用されている．式 (5.15) は，ミーゼスの降伏条件と呼ばれ，

$$\sigma_{\mathrm{s}} = \sqrt{\frac{1}{2}}\sqrt{(\sigma_1 - \sigma_2)^2 + (\sigma_2 - \sigma_3)^2 + (\sigma_3 - \sigma_1)^2} = \sigma_{\mathrm{Y}} \tag{5.16}$$

[*16] 延性材料の場合は，主せん断応力面すなわち x 面に沿って破損が生じます．

[*17] 米国の物理学者であるパーシー・ウィリアムズ・ブリッジマン（1882〜1961）をはじめ多くの研究者が 30,000 気圧もの高圧の圧力容器の中で金属材料の引張試験を行いました．これにより，降伏は周囲の圧力の大きさには左右されないことがわかりました．

[*18] フランスのエンジニアであるアンリ・トレスカ（1814〜1885）は，金属の圧縮と押し込みに関する実験を行い，1864 年にフランスの科学雑誌で発表しました．トレスカは，フランスの物理学者・土木技師であるシャルル・オーギュスタン・クーロン（1736〜1806）が 100 年ほど前に示唆した土の破損に関する法則の影響を受け，研究を行ったようです．このころは，まだ塑性変形がせん断で生じるということはわかっていませんでした．

[*19] 付録 A.2 で定義しています．

[*20] 第 1 次世界大戦中にオーストリア軍の航空機設計者・操縦士であったリヒャルト・フォン・ミーゼス（1883〜1953）は，1913 年に降伏条件（このあと出てくる式 (5.16)：付録 A.2 で紹介します）を見出しました．ミーゼスは，1919 年にベルリン大学応用数学研究所に採用され，2 年後には学術雑誌 *Zeitschrift für Angewandte Mathematik und Mechanik*（*ZAMM*）を創刊して編集しました．

と変形でき，σ_s を相当応力と呼ぶ．ミーゼスの降伏条件を最大せん断ひずみエネルギー説（maximum shear strain energy theory）*21 あるいは八面体せん断応力説（octahedral shear stress theory）*22 ということもある．

ミーゼスの降伏条件は，トレスカの降伏条件より複雑そうにみえるが，3 つの主応力の大小関係に留意することなく使用できるので数学的な取り扱いが容易である*23．

脆性材料と延性材料の引っ張り

キュウリ，千歳飴，煎餅のようなかたい材料を引っ張ると，ほとんど変形せずに真ん中で 2 つに分かれます．一方，大福餅のようなやわらかい材料を引っ張ると，真ん中辺りからくびれながら大きく変形した後，2 つに分かれます．

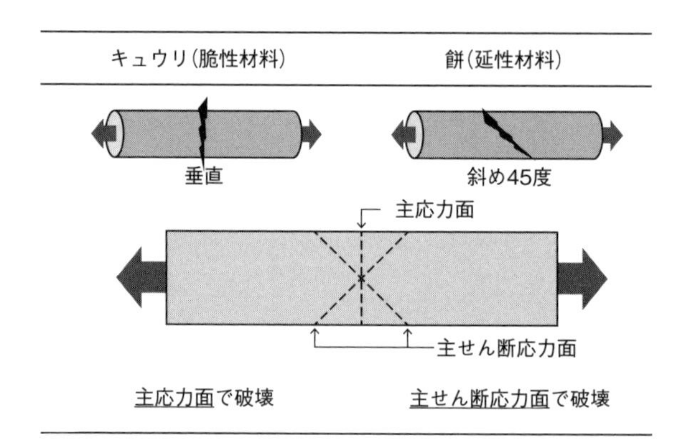

鉄鋼材料で考えると，鋳鉄は前者で脆性材料，軟鋼は後者で延性材料となります．このような変形や破壊形態の違いはどこから生まれるので

*21 材料に蓄えられるひずみエネルギー密度式 (3.2) のうち，体積変化を伴わないせん断ひずみエネルギー密度だけが破損に関与すると考えても，同様の条件が導けます．式 (A.20) 参照．ドイツのエンジニアであるハインリッヒ・ヘンキー（1885～1951）が 1924 年に σ_s^2 がせん断ひずみエネルギー密度の $3E/(1+\nu)$ 倍になることを見出し，学術雑誌 *ZAMM* で発表しました．

*22 塑性理論の先駆者アルパド・ナダイ（1883～1963）は，正八面体対角線を主軸とする座標軸を考え，正八面体上のせん断応力を求めました．この値が臨界値 $\sqrt{2}\sigma_Y/3$ に達したときに降伏が開始することを示し，1937 年に米国物理学協会が発行する *Journal of Applied Physics* で発表しました．

*23 例題 5.2 で体験します．

しょうか．

材料を原子レベルで見てみましょう．脆性材料に応力を負荷すると，主応力が引張強さに（式 (5.13)）達したときに，主応力面で破壊します．そのため，一軸方向に引っ張った場合は，主応力面が 0 度（応力負荷方向に対して垂直）なので，真っ平らに破壊します．

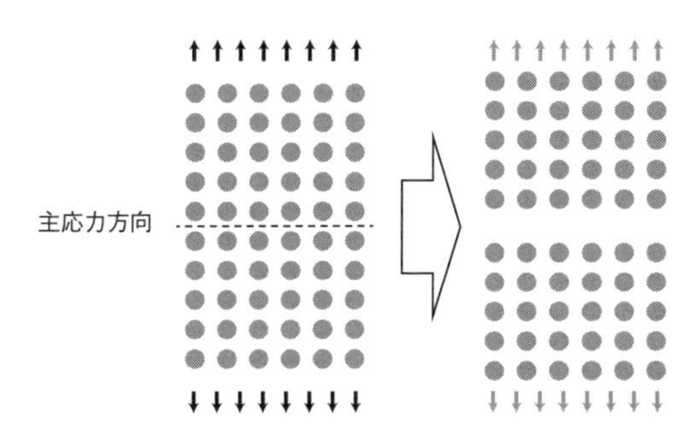

一方，延性材料に応力を負荷すると，主せん断応力がせん断降伏応力に（式 (5.14)）あるいはミーゼス相当応力が降伏応力に（式 (5.16)）達したときに，主せん断応力面ですべり変形します．一軸引張に対する主せん断応力面は，±45° 方向なので[*24]，両方向にすべり変形が生じた結果，遠くから見ると材料がくびれたように見えます．

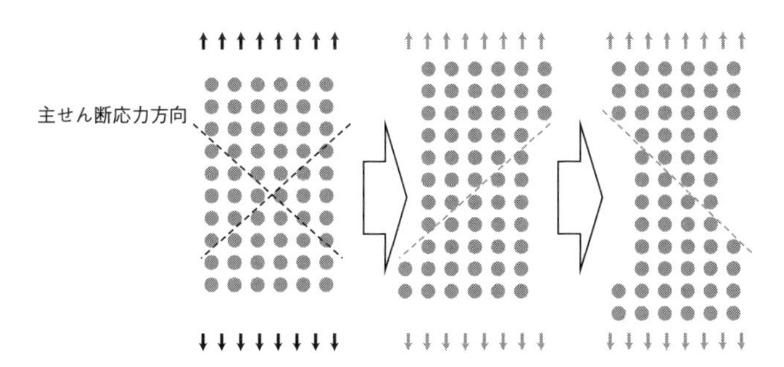

では，材料が脆性か延性か，は何で決まるのでしょうか．もし，材料の引張強さが降伏応力より小さければ，材料は降伏せずに引っ張りによ

[*24] モールの応力円を描いてみて下さい．

り破壊します．一方，もし引張強さが降伏応力より大きければ，材料は引張破壊を生じる前に降伏します．つまり，材料固有の（ミクロ構造によって決まる）引張強さと降伏応力の大小関係が，材料の脆性・延性を決定するわけです．

5.4　クラック先端近傍の塑性域

式 (4.8)〜(4.10) に降伏条件式 (5.14)，(5.15) あるいは (5.16) を利用すれば，あらゆる角度に対し，塑性域が推定できる．

いま，ミーゼスの降伏条件式 (5.16) を用い，平面応力状態と平面ひずみ状態とでクラック先端近傍の塑性域がどの程度異なるかを比較してみる．式 (5.9)〜(5.11) を2次元問題の場合に書き換えると，

$$\begin{vmatrix} \sigma_{xx}-\sigma & \sigma_{xy} \\ \sigma_{xy} & \sigma_{yy}-\sigma \end{vmatrix} = 0 \tag{5.17}$$

が得られ，主応力

$$\sigma_1 = \frac{\sigma_{xx}+\sigma_{yy}}{2} + \left[\left(\frac{\sigma_{xx}-\sigma_{yy}}{2}\right)^2 + \sigma_{xy}^2\right]^{1/2} \tag{5.18}$$

$$\sigma_2 = \frac{\sigma_{xx}+\sigma_{yy}}{2} - \left[\left(\frac{\sigma_{xx}-\sigma_{yy}}{2}\right)^2 + \sigma_{xy}^2\right]^{1/2} \tag{5.19}$$

が求まる．平面応力では $\sigma_3 = 0$，平面ひずみでは $\sigma_3 = \nu(\sigma_1+\sigma_2)$ である．

平面応力の場合，式 (4.8) を式 (5.18)，(5.19) に代入して $\sigma_3 = 0$ を考慮すると，

$$\begin{aligned} \sigma_1 &= \frac{K_\mathrm{I}}{\sqrt{2\pi r}}\cos\frac{\theta}{2}\left(1+\sin\frac{\theta}{2}\right) \\ \sigma_2 &= \frac{K_\mathrm{I}}{\sqrt{2\pi r}}\cos\frac{\theta}{2}\left(1-\sin\frac{\theta}{2}\right) \\ \sigma_3 &= 0 \end{aligned} \tag{5.20}$$

が得られる．式 (5.20) を式 (5.16) に代入し，r について解けば，塑性域の寸

法が

$$r_{\mathrm{p}} = \frac{1}{2\pi}\left(\frac{K_{\mathrm{I}}}{\sigma_{\mathrm{Y}}}\right)^2 \cos^2\frac{\theta}{2}\left[1 + 3\sin^2\frac{\theta}{2}\right] \tag{5.21}$$

のように求まる．ここで，式 (5.21) に $\theta = 0$ を代入すると，式 (5.2) が得られることは容易に理解できる．平面ひずみの場合も同様に求めることができ，式 (5.20) の第 3 式が

$$\sigma_3 = \frac{2\nu K_{\mathrm{I}}}{\sqrt{2\pi r}}\cos\frac{\theta}{2} \tag{5.22}$$

に置き換わって，塑性域の寸法は

$$r_{\mathrm{p}} = \frac{1}{2\pi}\left(\frac{K_{\mathrm{I}}}{\sigma_{\mathrm{Y}}}\right)^2 \cos^2\frac{\theta}{2}\left[(1-2\nu)^2 + 3\sin^2\frac{\theta}{2}\right] \tag{5.23}$$

となる．式 (5.21)，(5.23) を図示すると，図 5.6 のようになる．厳密には，応力の再分布を考慮する必要がある．

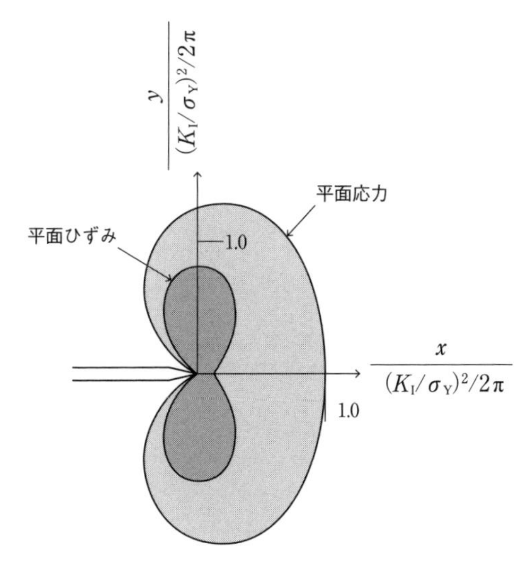

図 5.6　ミーゼスの降伏条件から推定したクラック先端近傍における塑性域

例題 5.2

トレスカの降伏条件を仮定し，平面応力状態と平面ひずみ状態とでクラック先端近傍の塑性域がどの程度異なるかを比較せよ．

解答 5.2

式 (5.20) を式 (5.12) に代入し，式 (5.14) を考慮して r について解けば，平面応力状態における塑性域の半径が

$$r_{\mathrm{p}} = \frac{1}{2\pi}\left(\frac{K_{\mathrm{I}}}{\sigma_{\mathrm{Y}}}\right)^2 \cos^2\frac{\theta}{2}\left(1+\sin\frac{\theta}{2}\right)^2$$

と求まる．平面ひずみ状態の場合も同様に求めることができ，塑性域の半径は

$$r_{\mathrm{p}} = \frac{1}{2\pi}\left(\frac{K_{\mathrm{I}}}{\sigma_{\mathrm{Y}}}\right)^2 \cos^2\frac{\theta}{2}\left(1-2\nu+\sin\frac{\theta}{2}\right)^2$$

となる．図示すると，図 5.7 のようになる[*25]．■

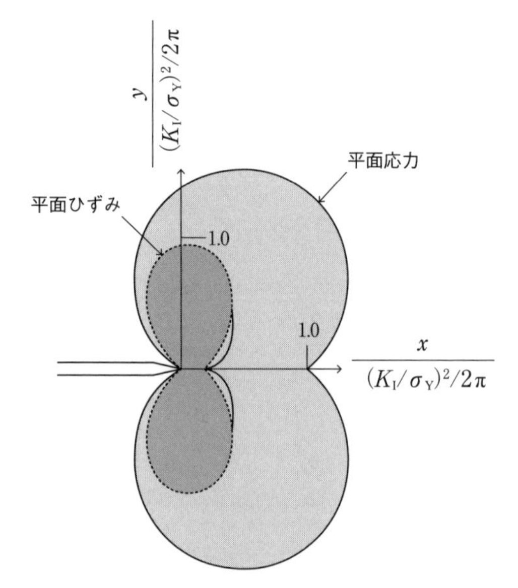

図 5.7　トレスカの降伏条件から推定したクラック先端近傍における塑性域

[*25] 平面ひずみの場合の実線は $\tau_{\max} = (\sigma_1 - \sigma_3)/2$ を用いて，点線は $\tau_{\max} = (\sigma_1 - \sigma_2)/2$ を用いて求めています．$\sigma_1 - \sigma_2$ と $\sigma_1 - \sigma_3$ の大小関係で，場合分けが必要ですね．

図 5.8(a), (b) に示すように，塑性域がクラック長さに比べて十分小さい場合には，クラック先端近傍の応力を式 (4.8)〜(4.10) で表示してよく，応力拡大係数 K を用いて破壊を議論することができる[*26]．この状態を**小規模降伏**（small scale yielding）という．このような状態では，塑性域内の応力場も弾性域内の応力場で決定できる．なお，図 5.8(c) のように，クラック先端部には微小な穴などによる極めて不均質な破壊進行領域が存在する．

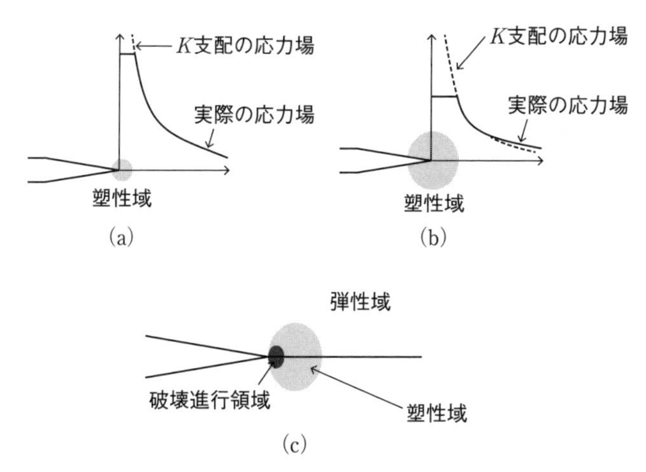

図 5.8　弾性域と塑性域の応力状態

例題 4.1 で示したように，応力拡大係数で表示したクラック先端近傍の応力場 (4.6) は $x \leq 0.1a \sim 0.2a$ の範囲で有効である．したがって，塑性域寸法 ω が

$$\omega < x \leq 0.1a \sim 0.2a \tag{5.24}$$

を満足するとき，小規模降伏条件が成立する．式 (5.4) を式 (5.24) に代入すると，

[*26] 塑性域が十分小さければ，そのまわりの弾性域が破壊を支配し，弾塑性体でも線形破壊力学を拡張して使えます．線形破壊力学は，応力拡大係数 K やエネルギー解放率 G などの破壊力学パラメータを用いて，脆性破壊（原子結合の分離による瞬時破断，へき開破壊）を解明する学問分野です．弾塑性破壊力学は，延性破壊（穴の発生・合体）を解明する分野で，別の破壊力学パラメータを用います．付録 A.3 で解説します．

$$a > 1.6 \left(\frac{K_{\mathrm{I}}}{\sigma_{\mathrm{Y}}} \right)^2 \sim 3.2 \left(\frac{K_{\mathrm{I}}}{\sigma_{\mathrm{Y}}} \right)^2 \tag{5.25}$$

が得られ，よく小規模降伏条件として

$$a \geq 2.5 \left(\frac{K}{\sigma_{\mathrm{Y}}} \right)^2 \tag{5.26}$$

が用いられる*27.

図 5.6 のように，平面ひずみの場合のクラック先端近傍における塑性域は，z 方向の変形が拘束されて（$\varepsilon_{zz} = 0$）降伏が抑制され，平面応力の場合に比べ小さくなる．平面応力状態は，$\sigma_{zz} = 0$ で，薄い板あるいは板表面の応力状態を模擬しているのに対し，平面ひずみ状態は厚い板の板厚中央部の応力状態を模擬している．したがって，クラック先端近傍の塑性域を 3 次元で示すと，図 5.9 のようになることは容易に想像できる．

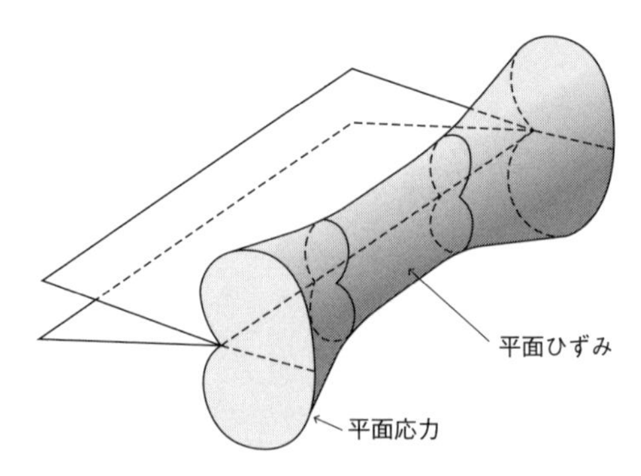

図 5.9　クラック先端近傍における塑性域の 3 次元分布

クラック先端近傍の塑性域がクラック長さに比べて十分大きくなり，小規模降伏条件を満足しなくなると，応力拡大係数を用いてクラック先端近傍の応力とひずみを表すことができない．当然，応力拡大係数やエネルギー解放率は，物理的意味を失い，適用できなくなる．このような状態を**大規模降伏**（large scale yielding）という*28.

---

*27　モード I 負荷だけに限りませんので，下付き添え字の I は省略しました．

*28　大規模降伏状態でクラック先端近傍の力学場を表すパラメータについては付録 A.3 で紹介します．

演　習　問　題

1　中央に長さ $2a = 10$ mm のクラックを持つ十分に大きな平板がある．クラックから十分に離れたところでクラック面に垂直方向の引張応力 $\sigma_\infty = 100$ MPa を負荷したとき，クラック面上に形成される塑性域寸法を求めよ．ただし，平面ひずみ状態を仮定し，ポアソン比を 0.3，降伏応力を 340 MPa とする．

2　中央に長さ $2a$ のクラックを持つ十分に大きな平板がある．クラックから十分に離れたところでクラック面に垂直方向に引張応力 σ_∞ を負荷する．このとき，小規模降伏条件を満足するために必要な引張応力が満たす条件を求めよ．ただし，降伏応力を 340 MPa とする．

第6章 クラックに対する材料の抵抗

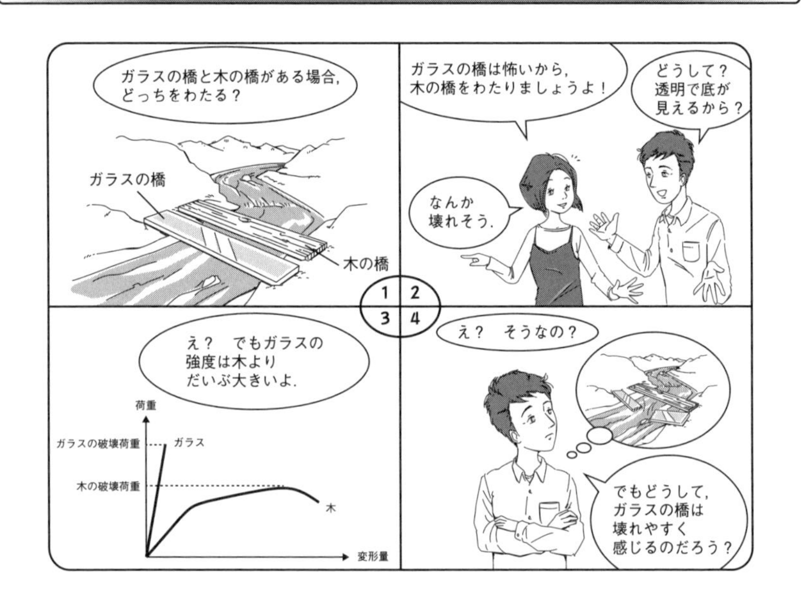

6.1　クラック材の破壊基準

材料が破壊する条件は式 (5.13) で与えられる[*1]．しかし，1.7 節で述べたように，式 (5.13) を満足しないように設計されて十分安全と考えられていた機械や構造物でも，クラックの存在が原因で破壊が生じる場合があり，クラック材の破壊をある 1 点の応力で説明することはできない．そこで，クラック前縁のある 1 点における応力に注目して破壊を考えることをやめ，クラック先端近傍

[*1] 脆性破壊のことです．クラックのない材料（平滑材）が破壊する条件は応力を用いて表すことができます．

における応力場の強さを用いて破壊条件を定める．

応力拡大係数はクラック先端近傍における応力場の強さを表すパラメータであり，その大小からクラック先端での応力集中度合が判断できる．したがって，破壊開始の条件として

$$K \geq K_{\mathrm{c}} \tag{6.1}$$

を用いる．応力拡大係数の臨界値 K_{c} は，**破壊じん性値**（fracture toughness）と呼ばれ，材料固有の物性値である．特に，モード I 形式の負荷による破壊開始の条件を

$$K_{\mathrm{I}} \geq K_{\mathrm{Ic}} \tag{6.2}$$

と表す．K_{c} あるいは K_{Ic} は材料実験によって測ることができる．

式 (4.26)，(4.27) に示したように，クラック先端近傍における応力場の強さを表す応力拡大係数とクラックが進展する際のエネルギー解放率には密接な関係がある．クラックが不安定に進展するのは，式 (3.19) に式 (3.20) と式 (3.4) を考慮して得られる

$$\begin{aligned} -\frac{1}{B}\frac{\mathrm{d}\Pi}{\mathrm{d}a} &= \frac{1}{B}\frac{\mathrm{d}\Pi_{\mathrm{S}}}{\mathrm{d}a} \\ &= 2\gamma \end{aligned} \tag{6.3}$$

を満足するときである．式 (3.15) より，式 (6.3) の左辺はエネルギー解放率で表されるので，材料が破壊する条件として

$$G \geq G_{\mathrm{c}} = 2\gamma \tag{6.4}$$

を用いることもできる．ここで，エネルギー解放率の臨界値 G_{c} も破壊じん性値と呼ばれている．負荷された外力のもとで，式 (6.4) を満足してクラックの進展がいったん開始すれば，クラック長さ a の増大に伴い $\mathrm{d}\Pi_{\mathrm{T}}/\mathrm{d}a$ がますます減少する[*2]．これが不安定破壊である[*3]．式 (4.26)，(4.27) を考慮すると，式

[*2] 図 3.9 に示したように，クラックを単位長さ増大させるのに必要なエネルギーがマイナス方向に増えていきますので，どんどんエネルギーが余っていきます．一方，$\mathrm{d}\Pi_{\mathrm{S}}/\mathrm{d}a$ はクラック長さに無関係です．

[*3] 3.4 節で説明しました．

(6.4) は式 (6.2) のように書けることは容易に理解できる．すなわち，クラックが不安定になる臨界値 G_{c} を求めることは K_{Ic} を求めることと等価である[*4]．

材料が破壊するには，クラックが材料内を真っ二つに横切って進展する必要がある．しかし，新しいクラック面はエネルギーを与えなければ形成されず，このエネルギーをどこからか持ってこなければならない．外力を受けている材料は多少なりともひずみエネルギーを蓄え，このひずみエネルギーは材料を崩壊させる役割を持ち，これを破壊と呼んでいる．いいかえると，材料内部に蓄えられるひずみエネルギーの一部が，クラックを進展させ，材料を破壊するエネルギーとして使われる（式 (6.4)）．

例題 6.1

長さ $2a$ の中央クラックを持つある材料の十分長い平板に，長手方向に一様な引張応力 σ_∞ を負荷する．この材料の破壊じん性値を $K_{\mathrm{c}} = 55\ \mathrm{MPa}\cdot\sqrt{\mathrm{m}}$ とするとき，次の問に答えよ．

問 1　クラック長さ $2a = 20$ mm のとき，クラック進展開始条件を満たす最小の引張応力を求めよ．

問 2　引張応力 $\sigma_\infty = 250$ MPa のとき，クラック進展開始条件を満たす最小のクラック長さを求めよ．

解答 6.1

問 1　式 (4.5) より

$$K = \sigma_\infty \sqrt{\pi \times 10 \times 10^{-3}}$$

上式の K に $K_{\mathrm{c}} = 55\ \mathrm{MPa}\cdot\sqrt{\mathrm{m}}$ を代入して

$$\sigma_\infty = \frac{K_{\mathrm{c}}}{\sqrt{\pi \times 10 \times 10^{-3}}} = 310\ \mathrm{MPa}$$

問 2　式 (4.5) の K に K_{c} を代入すると

$$a = \frac{1}{\pi}\left(\frac{55}{250}\right)^2 = 0.0154\ \mathrm{m}$$

したがって，クラックの長さは 30.8 mm. ■

[*4] 線形弾性体の場合です．非線形弾性体の場合は付録 A.3 で解説します．

6.2 破壊じん性

破壊じん性とは，クラックが存在する材料の脆性破壊，すなわち破壊が急速に進行する不安定破壊に対する抵抗を表し，破壊じん性値とは，クラックの進展が開始する際の応力拡大係数あるいはエネルギー解放率として定義される*5．破壊じん性値は材質によって決まる材料定数である．一方，応力拡大係数やエネルギー解放率は，物理量であり，形状・寸法や負荷によって変化する．

表 6.1 に材料力学と破壊力学における物理量と材料定数の例を示す．通常，機械や構造物を設計する際，材料を選定し，その材料定数を調査する．例えば，脆性材料を対象とする場合，引張強さ σ_{B} の値がわかれば，式 (1.4) あるいは式 (5.13) を用い，最大負荷時に材料に生じる引張応力 σ あるいは最大主応力 σ_1 が σ_{B} 未満*6 となるように形状・寸法を決定する．形状・寸法を変更しても式 (1.4) あるいは式 (5.13) を満足してしまう場合は，σ_{B} の高い材料を選定する．一方，延性材料を対象とする場合は，σ_{B} ではなく降伏応力 σ_{Y} を調査し，σ あるいは σ_1 の代わりに相当応力 σ_{s} を用いればよい（式 (5.16) を参照）．しかし，材料にクラックが存在する場合は，引張強さや降伏応力などの応力を評価基準にすることはできない．そこで，その材料の破壊じん性値 K_{Ic} あるいは G_{c} を調査し，クラックの形状を想定して，最大負荷時にその材料に生じる応力拡大係数 K_{I} あるいはエネルギー解放率 G が K_{Ic} あるいは G_{c} 未満となるように形状・寸法を決定する．形状・寸法を変更しても式 (6.2) あるいは式 (6.4) を満足してしまう場合は，K_{Ic} や G_{c} の高い材料を選定する．この強度設計プロセスは結局クラックがない材料の材料力学的な強度設計プロセスと同じである*7．

---

*5　線形弾性体の K および G の臨界値です．不安定破壊に先行し，荷重の増大に伴い破壊が徐々に進行する安定破壊については，付録 A.3 で説明します．

*6　ここでは安全率を無視しています．

*7　通常クラックが開口するモード I 形式の場合を検討しますが，ねじりや曲げによる混合モードの負荷を受ける場合であれば，モード II やモード III の形式についても検討し，同様な方法で設計できます．

表 6.1　材料力学と破壊力学における物理量と材料定数の例

	物理量		材料定数	
材料力学	応力	σ	引張強さ	σ_B
破壊力学	応力拡大係数	K_I	破壊じん性値	K_{Ic}
	エネルギー解放率	G		G_c

6.3　破壊じん性試験

6.2 節で述べたように，クラックを考慮した機械や構造物の設計には，使用する材料の破壊じん性値が必要となる．破壊じん性値は，汎用の材料であれば書籍に記載されている[*8]が，材料メーカーが提供するデータの方が信頼性が高い場合が多い．もし，破壊じん性値に関する情報がない場合は，規格に従って破壊じん性試験を実施する必要がある．本節では，破壊じん性試験方法について紹介する．

JIS（日本工業規格）には金属材料を対象とした「平面ひずみ破壊じん性試験方法（JIS G 0564）」があり，これは International Organization for Standardization（ISO）12737 の翻訳である．一方，米国には Standard Test Method for Measurement of Fracture Toughness（ASTM E1820）がある[*9]．高分子材料の場合は，JIS 規格がないので，ASTM D5045 を参照する．

JIS G 0564 に従って，試験法の概要について述べる．試験は三点曲げ試験（three-point bending test）あるいはコンパクト・テンション（compact tension：CT）試験片を用いた引張試験（**CT 試験**：compact tension test）によって行う．図 6.1 は三点曲げ試験片の形状を示したものである．図中，P は荷重，a はクラック長さ，W は試験片の有効幅，$B = 0.5W$ は厚さ，$S = 4W$ はスパンである．三点曲げ試験の場合，角柱を試験片に用いることができる点で，板材から切り出して所定の形状に加工する必要がある CT 試験片より有利であるが，リガメントと呼ばれる寸法 $W - a$ が小さいためにクラック長さの制御が難しい．そのため，材料が十分な量だけある場合は CT 試験片を準備する．図

---

*8　例えば参考文献 [15, 16].

*9　世界最大規模の標準化団体である ASTM International（旧称 American Society for Testing and Materials：米国試験材料協会）が策定・発行する規格.

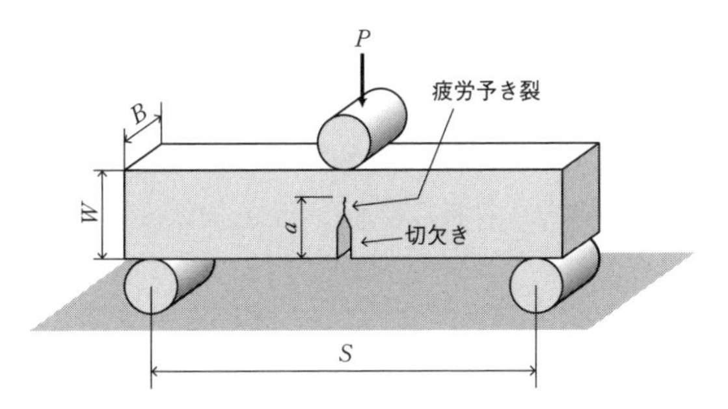

図 **6.1**　三点曲げ試験片

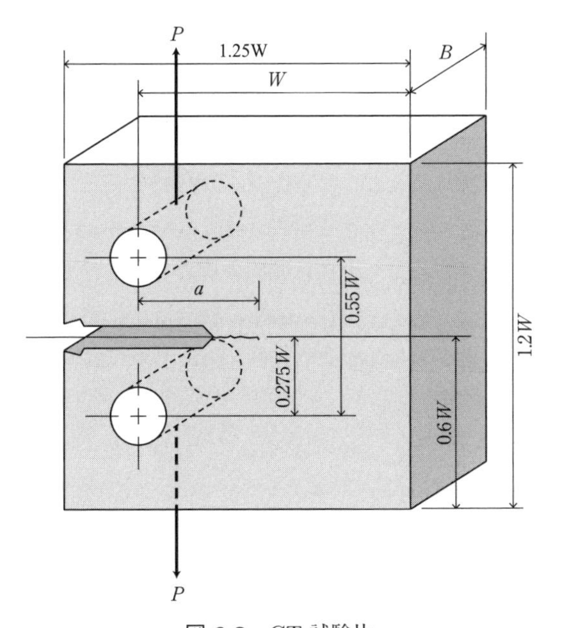

図 **6.2**　CT 試験片

6.2 に CT 試験片の形状を示す．外形，幅，ピン穴間距離，幾何公差などは有効幅 W を基準に決められている．

両試験片とも，試験片中央部の片側から中心へ向かって，**予き裂**(pre-crack)*10 を発生させるための切欠きが導入されている．切欠き先端の形状は規格で示さ

*10　実験前に試験片にあらかじめ入れておく鋭いクラック．7 章で説明する疲労き裂のことです．

れているが，製作方法は規定されていない．一般に切欠きは横フライス盤に適切な刃を取り付けて加工する．次に，切欠きの先端に予き裂を導入する．金属材料の場合は，繰返し荷重を与え，切欠きの先端に荷重と垂直方向に進展するクラックを発生させる．高分子材料の場合も同様な方法で予き裂を導入することが可能であるが，疲労試験中に発生する熱がクラックの先端を鈍化させる傾向にあるため，スライディング法[*11] あるいはタッピング法[*12] が推奨されている (ASTM D5045)．いずれも鋭利な刃物で切欠き先端に切込みを入れる方法であり，切込み先端をクラックと見なせるくらい十分鋭いか確認する必要がある．

応力拡大係数の算出にはクラック長さが必要であるが，この時点で，クラック長さを測ることはできない．クラック長さは試験終了後に破断面から推測する．繰返し荷重によって予き裂が導入された場合はストライエーション (striation)[*13] を用いて予き裂長さを求めるが，それが困難な場合は，試験直前に予き裂面に酸化皮膜を付けるなど，マーキングが必要となる．スライディング法などの場合も，予き裂面にインクを染み込ませ，マーキングを施す．

試験片の準備が整ったら，三点曲げ試験の場合は，治具を使用して切欠きが開口するように荷重を与える．CT 試験片の場合は，試験片にあけた穴にピンを挿入し，そのピンを試験機の治具と接続して，同様に荷重を与える．試験中に荷重 P とクラック開口変位 V を記録する．試験片寸法と破断時の荷重 P_Q を用いて[*14]，次の式から破壊じん性値 K_Ic の暫定値 K_Q を決定する．

三点曲げ試験片の場合，K_Q は

$$K_\mathrm{Q} = \frac{P_\mathrm{Q} S}{B W^{3/2}} \times f(a/W) \quad [\mathrm{MPa} \cdot \sqrt{\mathrm{m}}] \tag{6.5}$$

で与えられ，$f(a/W)$ は

$$f(a/W) = 3(a/W)^{1/2} \frac{1.99 - (a/W)(1 - a/W)[2.15 - 3.93a/W + 2.7(a/W)^2]}{2(1 + 2a/W)(1 - a/W)^{3/2}} \tag{6.6}$$

[*11] 切欠きの先端にカミソリの刃を滑らす．

[*12] 切欠きの先端にカミソリの刃を叩き込む．

[*13] 破面に観察される縞模様．7 章の脚注 8 で説明します．

[*14] P_Q の単位は kN.

となる．また，CT 試験片の場合の K_Q は次式で与えられる．

$$K_Q = \frac{P_Q}{BW^{1/2}} \times f(a/W) \ \ [\mathrm{MPa}\cdot\sqrt{\mathrm{m}}] \tag{6.7}$$

ただし

$$f(a/W) = (2+a/W)\frac{0.886+4.64a/W-13.32(a/W)^2+14.72(a/W)^3-5.6(a/W)^4}{(1-a/W)^{3/2}} \tag{6.8}$$

である．

つづいて，P_Q の決定方法について述べる．実験で得られる荷重 P とクラック開口変位 V の関係は図 6.3 のようなタイプ a, b, c のいずれかに分類される．タイプ a は延性破壊が起こる場合，タイプ b はポップイン[*15] を生じる場合に対応しており，タイプ c は典型的な脆性破壊の場合である．それぞれのタイプに応じ，次のようにして P_Q を求める（図 6.4）．

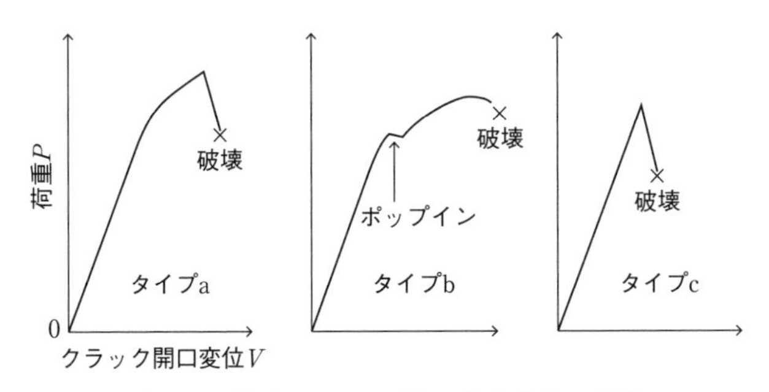

図 6.3　荷重–クラック開口変位曲線の形状

はじめに，P–V 曲線の初期段階における直線部分を OA とする．次に，OA より 5%傾きの小さい直線を引き，P–V 曲線との交点を P_5 とする．最後に，OA と OP_5 の直線に挟まれる P–V 曲線上の試験力の最大値を求める．この最大値が P_Q である．

[*15] ある荷重で曲線が折れ曲がる現象．「ピン」という音が発生します．

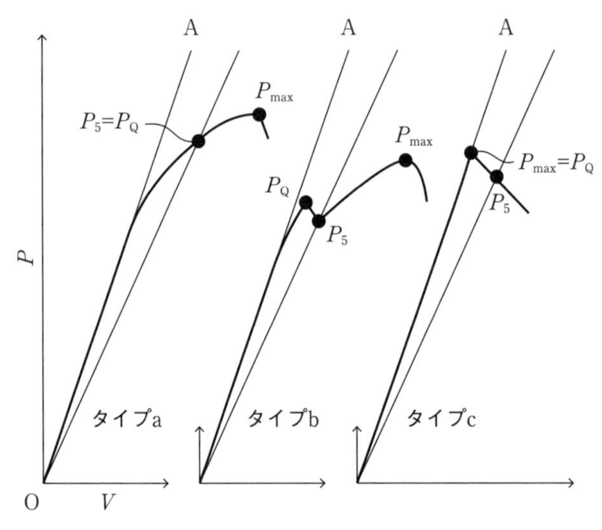

図 6.4　臨界荷重の決定

以下の条件

$$\frac{P_{\mathrm{max}}}{P_{\mathrm{Q}}} \leq 1.1 \tag{6.9}$$

$$a \geq 2.5\left(\frac{K_{\mathrm{Q}}}{\sigma_{\mathrm{Y}}}\right)^2, \quad W - a \geq 2.5\left(\frac{K_{\mathrm{Q}}}{\sigma_{\mathrm{Y}}}\right)^2 \tag{6.10}$$

$$B \geq 2.5\left(\frac{K_{\mathrm{Q}}}{\sigma_{\mathrm{Y}}}\right)^2 \tag{6.11}$$

を満足する場合，K_{Q} を破壊じん性値 K_{Ic} と見なすことができる[*16]．式 (6.9) は 5%傾きの小さい直線によって得られる P_{Q} が不安定クラック成長開始に対応することを保証する条件である．式 (6.10) は，式 (5.26) で示したように，小規模降伏条件を保証している．式 (6.11) は平面ひずみ状態を保証する条件である．

[*16] 降伏点を示さない材料の場合は，σ_{Y} のかわりに 0.2%耐力を用います．いずれも単位は MPa です．

割り箸の破壊じん性値を測ろう

　これから実験をやります！

用意するもの：

　割り箸（まだ割ってない状態）1 膳，定規 1 本

　以下の手順に従って，割り箸の破壊じん性値を測ってみよう．

実験手順：

1）割り箸の寸法を測り，クラック先端のおおよその位置に印を付ける（このとき割らないように十分注意！）．
2）割り箸に定規を挟んで，ゆっくりと動かす．
3）割り箸が割れた瞬間の位置で定規を止め，印を付けて，その印からクラック先端の印までの距離（クラック長さ）を測る．
4）エネルギー解放率（破壊じん性値）を求める．ただし，割り箸の縦弾性係数を 10 GPa と仮定する．

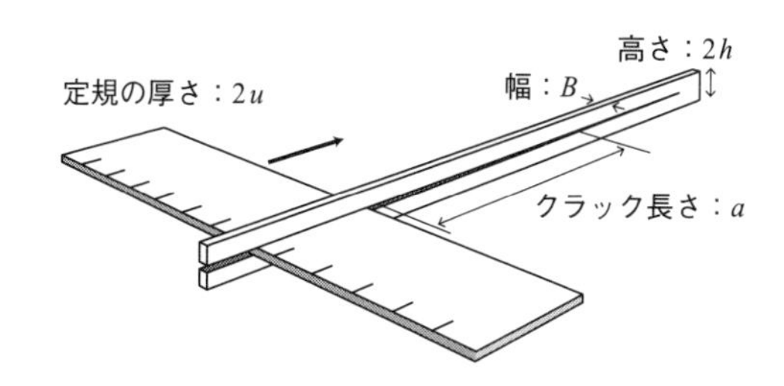

ヒント：

　例題 3.1 より，荷重点変位は

$$u = \frac{4Pa^3}{EBh^3}$$

したがって，荷重は

$$P = \frac{EBh^3}{4a^3}u$$

ひずみエネルギーの変化量は

$$\Delta U = 2 \times \left(-\frac{1}{2}u\Delta P\right) = -\frac{EBh^3}{4a^3}u^2$$

荷重点におけるクラック進展開始時の変位は一定であるので，図 3.5 の場合と同様，荷重のする仕事は

$$\Delta W = 0$$

したがって，式 (3.12) より

$$\Delta \Pi = -\frac{EBh^3}{4a^3}u^2$$

式 (3.15) より，エネルギー解放率は

$$G = -\frac{1}{B}\frac{\mathrm{d}}{\mathrm{d}a}\left(-\frac{EBh^3}{4a^3}u^2\right) = \frac{3Eh^3}{4a^4}u^2$$

解答例：

$b = h = 4$ mm の割り箸と厚さ $2u$ の定規を用いたとする．例えば，$a = 100$ mm で破壊した場合，$G_\mathrm{c} = 43.1\ \mathrm{J/m^2}$ となる*17.

6.4　破壊じん性は試験片寸法に依存する？

図 6.5 は，モード I 形式で負荷されている CT 試験片の模式図で，クラック先端近傍における塑性域の板厚方向に対する変化を示している．試験片の内部では，試験片表面に垂直な方向のひずみは，表面からの拘束により負荷方向の垂直ひずみに比べてかなり小さく，ほとんど 0 に近い．したがって，板中央は平面ひずみ状態と見なすことができる．一方，試験片表面では，表面に垂直な方向の応力は 0 である*18 ため，平面応力状態となっている．図 5.9 にも示しているが，表面に生じる塑性域（平面応力状態）は内部に生じる塑性域（平面ひずみ状態）よりもかなり大きい*19.

*17　木材は複合材料ですので，実際に測るのは難しいです．湿気の影響も受けます．

*18　表面に垂直な方向を z 方向とすると，板表面は $n_x = n_y = 0, n_z = 1$ ですので，式 (5.7) から $p_{nz} = \sigma_{zz} = 0$ になります．

*19　応力の弾性解析，特に有限要素解析では，問題を平面ひずみか平面応力のいずれかの状態に近似することによって，解析の手間を大幅に減らすことができます．両状態は板厚に関する上界と下界ですので，実際の問題の解は両者の解の間に入ります．

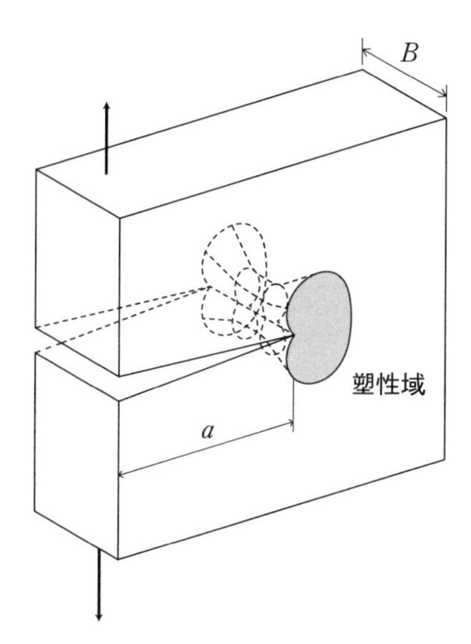

図 **6.5**　CT 試験片の塑性域形状

延性材料の破壊試験：試験片が厚いときと薄いとき

ねんどで板をつくり，クラックを入れて破壊させてみましょう．板の厚さで壊れ方が異なりますね．厚い板だと破断面は平坦です．薄い板だと尖った破断面になりませんか．なぜでしょう？

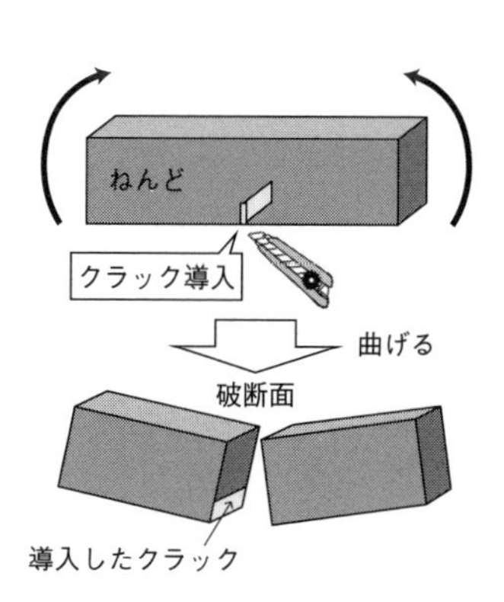

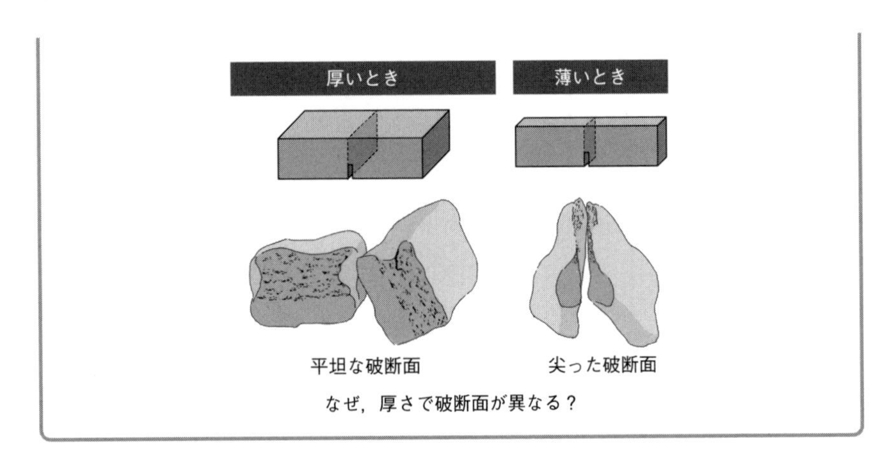

塑性変形は，エネルギー散逸型の変形[*20]であるため，脆性破壊に対する抵抗を高める働きがある．実際，延性材料のクラックが急速に進展しないのは，クラック先端に生じる大きな塑性域がクラックを進展させるエネルギー[*21]を奪っているためである．このため，延性材料のクラックを進展させるためには，さらに大きな荷重を与えなければならない．

1 つの試験片の表面と内部で塑性域の大きさが異なっている点は，破壊じん性試験にどのような影響を及ぼすであろうか．図 6.6 は破壊じん性値の暫定値 K_Q と試験片板厚 B の関係を示したものである．板厚が小さい場合，クラック先端近傍では，平面応力状態が支配的となっているため，塑性変形によるエネ

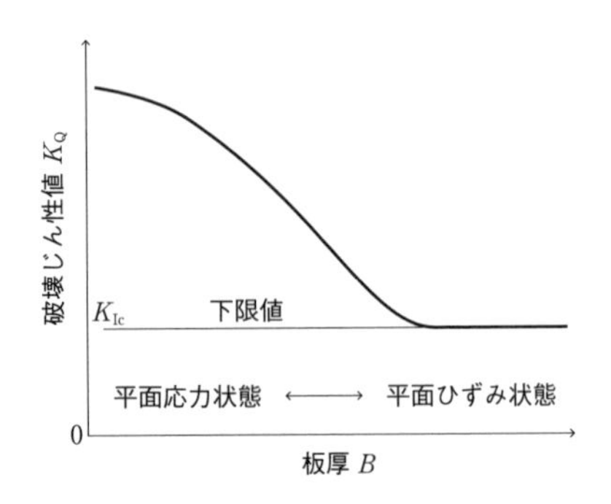

図 **6.6**　破壊じん性値と試験片板厚の関係

*20　ひずみエネルギーの一部は塑性変形によって熱エネルギーに費やされます．
*21　新しいクラック面をつくるための表面エネルギー（式 (3.4)）．

ルギーの散逸が大きく，脆性破壊に対する抵抗は見かけ上大きくなる．板厚が大きくなるにつれて，K_{Q} は減少し，やがて一定値となる．このとき，試験片内部のクラック先端近傍では平面ひずみ状態が支配的となっていて，試験片表面の塑性域の影響は無視することができる．また，平面ひずみ状態では，塑性域が最小なので，同時に K_{Q} も最小となる．この K_{Q} がその材料の脆性破壊に対する固有の抵抗値，すなわち破壊じん性値 K_{Ic} である．安全側の設計を行うには，材料の固有値は最小となる必要がある．このような観点から，K_{Q} の最小値を材料固有の値とするのは理にかなっている．

式 (6.11) の板厚の条件は，K_{Q} が最小値であることを実験的に保証するものである．金属材料の脆性破壊はクラック先端近傍の横方向収縮が完全に拘束された平面ひずみ状態で生じるので，その条件下で破壊じん性試験を行えば，材料の破壊じん性の下限値が求まり，機械や構造物の脆性破壊の可能性に対して，安全側の評価を与えることになる．一方，じん性の高い低中強度鋼の場合，式 (6.10)，(6.11) を満足する K_{Ic} を得るためには，巨大な試験片が必要となる．実験は事実上困難であるが，弾塑性破壊力学に基づいて破壊じん性を求める方法がある[*22]．

例題 6.2

十分に大きなアルミニウム合金製の板に長さ $2a = 10$ mm のクラックが存在していたとする．モード I 形式の負荷がかかった場合，クラック進展開始時の負荷応力を求めよ．また，そのときにクラック面上に形成される塑性域寸法を求めよ．ただし，平面ひずみ状態を仮定し，ポアソン比は 0.3，降伏応力は 340 MPa，破壊じん性値は 30 $\mathrm{MPa}\cdot\sqrt{\mathrm{m}}$ とする．

解答 6.2

式 (4.5) の K に K_{Ic} を代入すると

$$\sigma_\infty = \frac{K_{\mathrm{Ic}}}{\sqrt{\pi a}} = \frac{30}{\sqrt{\pi \times 5 \times 10^{-3}}} = 239\ \mathrm{MPa}$$

同様に，式 (5.23) より

*22 付録 A.3 で紹介します．

$$r_p = \frac{1}{2\pi}\left(\frac{30}{340}\right)^2 \times (1 - 2 \times 0.3)^2 = 0.198 \text{ mm}$$

■

演　習　問　題

1　中央に長さ $2a = 8$ mm のクラックを持つ十分に大きな平板に，クラックから十分に離れた遠方で一様な引張応力 $\sigma_\infty = 150$ MPa を負荷したところ，クラックが進展を開始した．この材料の破壊じん性値 K_{Ic} を求めよ．

2　中央にクラックを持つ十分に大きな平板に，クラックから十分に離れた遠方で一様な引張応力 $\sigma_\infty = 250$ MPa を負荷したところ，クラックが進展を開始した．クラック進展開始条件を満たす最小のクラック長さを求めよ．ただし，この材料の破壊じん性値 $K_{\mathrm{Ic}} = 50 \text{ MPa} \cdot \sqrt{\text{m}}$ とする．

3　$W = 50.8$ mm, $B = 25.4$ mm の CT 試験片を用いて破壊じん性試験を行った．予き裂が $a = 25.4$ mm のとき，$P_{\mathrm{Q}} = 50$ kN であった．このときの破壊じん性値 K_{Q} を求めよ．また，この K_{Q} が平面ひずみ破壊じん性値 K_{Ic} として採用できるか否か判定せよ．ただし，この材料の降伏応力を $\sigma_{\mathrm{Y}} = 900$ MPa とする．

第7章 材料だって疲労する？

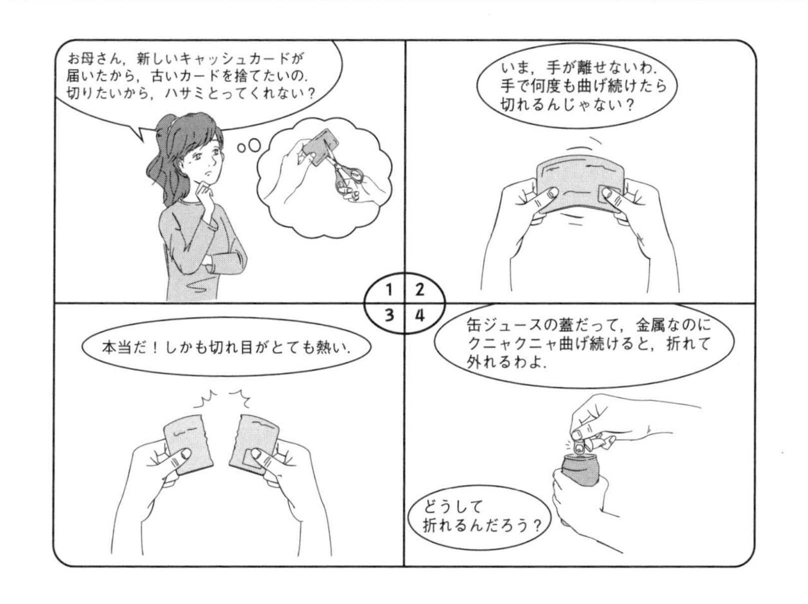

7.1 繰返し荷重を受ける材料の振る舞い——クラック発生から破断まで

鉄道，自動車，航空機など多くの実用機器には，引張強さ*1 以下の応力が繰り返し生じている．例えば，自動車の場合，走行時の路面状態に起因した揺れや振動などにより，車体骨格やパネルなどの部材には応力が繰り返し負荷される．このような繰返し荷重により，1回では壊れない低い応力でも材料は破壊する場合があり，これを**疲労破壊** (fatigue fracture) と呼んでいる．

---

*1 静的な試験で求めた引張強さ σ_B です．

疲労破壊による事故は，18世紀の産業革命以降起きており，21世紀になった現在もなくなってはいない．例えば，2006年4月14日に起きた東京湾岸ゆりかもめのホイールハブ脱落による脱線事故，2007年5月5日大阪エキスポランドにおけるジェットコースター車軸の破損による脱輪事故などがある．これらの悲惨な事故はいずれも金属疲労による部材の破損が引き金となって発生しており，金属疲労をいかに防ぐかが重要な課題となっている．残念ながら，金属材料を構造部材として利用している以上，疲労破壊は避けてとおることができない．このため，疲労の度合いをいかに検知し，その部材を補修・交換して，構造の健全性を保っていくかが急務である[*2]．

電車の脱線

2006年4月14日17時ごろ，東京都心と臨海副都心を結ぶ6両編成の電車「ゆりかもめ」は，「船の科学館」駅を出発した直後，走行輪が外れて車体が大きく揺れ，火花を発する異常状態となって緊急停止しました（上図[*3]）．車輪のタイヤホイールを支えるハブの破断が原因で，ハブ本体から，フランジとタイヤホイールがすっぽりと外れてしまったようです（下図）．ハブの材料は，ねずみ鋳鉄に含有する黒鉛（グラファイト）を球状にして強度と延性を向上させたもので，調査の結果，破断面の2割がさびついていて，ハブの割れは繰返し応力による疲労が原因と判明しました．

[*2] その際，破壊力学の知識が大いに役に立ちます．

[*3] 実際は4両目第1軸の左車輪が車軸から外れて脱線．

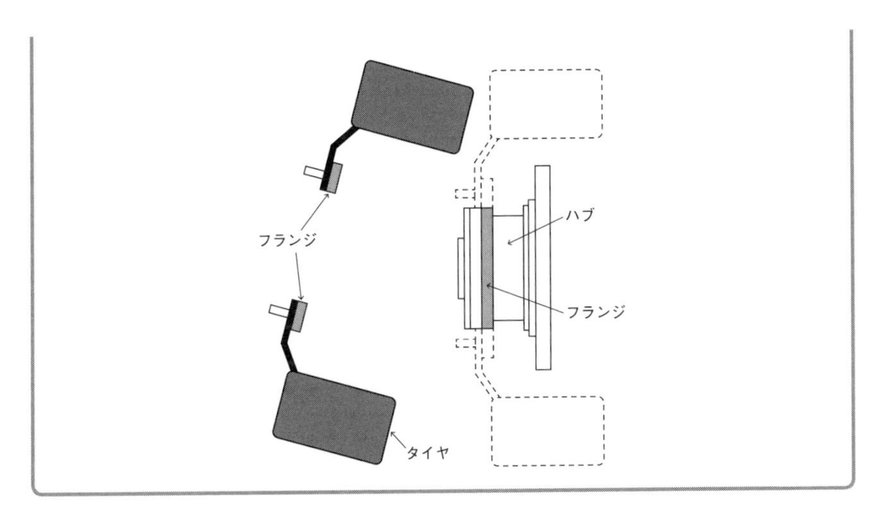

材料の疲労破壊は**疲労き裂**（fatigue crack）の発生とそれに引き続く進展の2つの過程に分けられる．図7.1(a)は，縦軸に図7.2のような周期的に変化する応力の振幅，すなわち**応力振幅**（stress amplitude）σ_aを，横軸に負荷の繰返し数Nをとったもので，ある一定振幅の応力が作用する金属に円孔や切欠きあるいは表面粗さなどがあると，そこから目に見えない微小クラックが発生し，次第に成長していく．そして，疲労き裂は遅かれ早かれ長さa_fまで成長し[*4]，クラックの進展はいっきにスピードを増して材料を破断する[*5]．

図7.1(b)は，応力振幅σ_aと破断までの繰返し数N_fの関係を示したもので，**S-N曲線**（S-N curve）と呼ばれる[*6]．一般的な鉄鋼材料のS-N曲線では，σ_aを小さくしていくと，繰返し数が100万回を超えるところに破断しなくなる限

---

*4　a_fとa_cは違います．単調負荷の場合のa_cは，クラック先端近傍に塑性変形を伴いますので，クラック先端が鈍化している状態での長さです．一方，疲労負荷の場合のa_fは，疲労き裂が進んできたクラックなので，先端が鋭い状態での長さです．

*5　恐るべき結果を招きます．一般に疲労破壊による破断面は特有の縞状または帯状の概観を呈するため，破壊が起きた後は容易に診断できますが，破壊が生じる前に疲労き裂を発見することは難しいです．

*6　ドイツの鉄道技師アウグスト・ヴェーラー（1819～1914）の名をとってヴェーラー曲線とも呼ばれます．産業革命後，機械の動く部分の部品が，固定部材では全く問題ない低い荷重でも破壊するといった事故が起きました．特に，鉄道の車軸が理由もなく突然折れるといったことが相次いだようです．ヴェーラーは，疲労破壊はクラックの発生と進展であると主張しましたが，認めてもらえませんでした．当時，疲労は材料の劣化と考えられておりました．ヴェーラーの主張が認められたのは，1950年頃のようです．

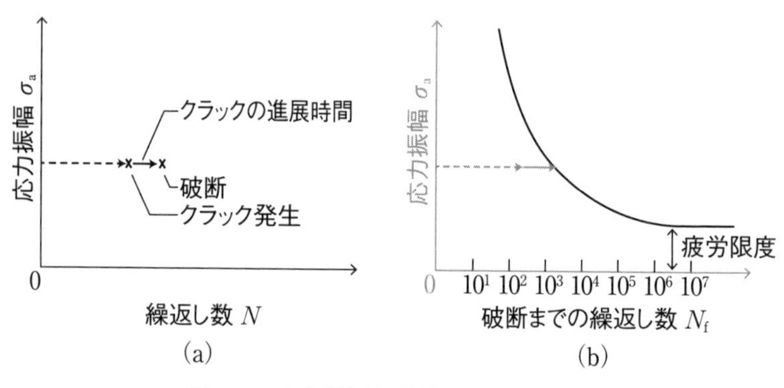

図 **7.1**　応力振幅と破断繰返し数の関係

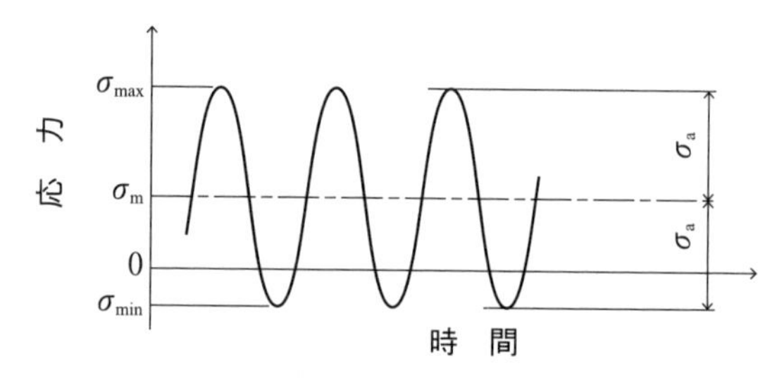

図 **7.2**　周期的に変化する応力

界の値 σ_a が現れる．この限界応力を疲労限度（fatigue limit）という[*7]．

典型的な疲労き裂の発生と進展の過程を図 7.3 に示す．通常，疲労き裂は材料表面において発生し，はじめは最大主応力の方向に対し傾いて進展する（第 I 段階）．そして，ある程度進展した後に，最大主応力方向に対し垂直に進展する（第 II 段階）[*8]．その後，クラックが十分に長くなると，材料が負荷応力に耐えられなくなり，一気に破壊が進む（第 III 段階）．

[*7] 疲労試験で 100〜1000 万回を突破したら，あとは永遠に安全であるという望みが出てきます．でも，疲労の危険性に対する考慮は怠ってはいけません．例えば，アルミニウム合金には明確な疲労限度が見られません．

[*8] 破断面を観察すると，この段階で 1 サイクルごとにクラックが進んだ証拠（縞模様）を見ることができます．これをストライエーションといいます．

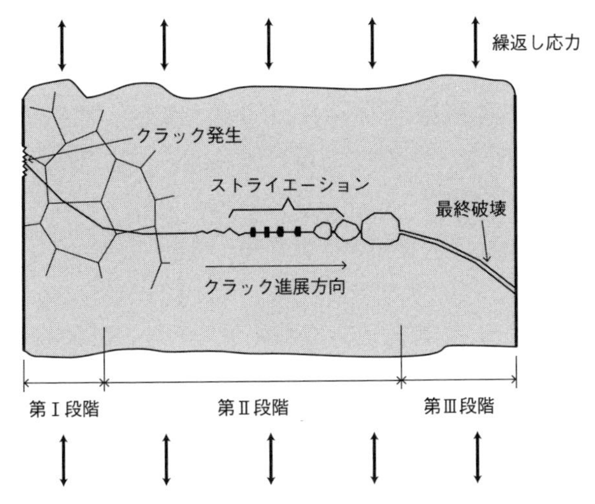

図 7.3　典型的な疲労き裂の発生と進展

エキスポランドジェットコースターの脱輪

2007 年 5 月 5 日 13 時ちょっと前，大阪万博記念公園に隣接する遊園地エキスポランドで，立ち乗りジェットコースター「風神雷神 II」が走行中に，左側車輪ブロックが突然脱落して，左側の支えを失った 2 両目の車両が大きく姿勢を崩しました．各車輪ブロックには 5 つの車輪があります．これを止めていたナットのところで車軸が折れ，しばらく走行した後，事故が起こったようです．車軸の材料は，引張強さが 740 MPa 以上，降伏応力が 540 MPa 程度のニッケル・クロム鋼だったそうです．破面の結果から，金属疲労による割れがねじの谷から発生し，最終的に引きちぎれて破断したということが判明しました．

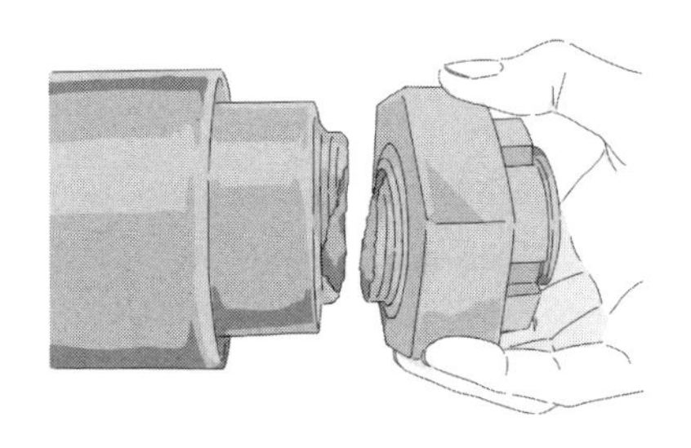

疲労破壊を防ぐためには，(i) 初期クラック長さ a_0，(ii) 最終クラック長さ a_f および (iii) クラックが a_0 から a_f まで成長するまでの時間，を把握する必要がある．(i) は非破壊検査[*9] から，(ii) は破壊力学から判定できる．そして，(iii) は図 7.4 に示すクラック長さ a と周期的に変化する応力の繰返し数 N との関係から判断できる．

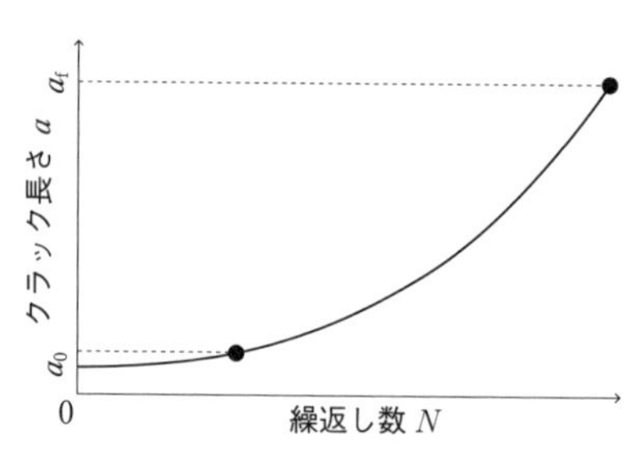

図 **7.4**　クラック長さと繰返し数の関係

図 7.4 を得るには，図 7.2 のような周期的に変化する応力を試験片に与え，破壊するまでの繰返し数を測ればよい．破断繰返し数は**疲労寿命**（fatigue life）と呼ばれる．試験には，1 サイクル中の応力の最大値 σ_max と最小値 σ_min を指定する必要がある．繰返し数の変動は，**応力振幅**

$$\sigma_\mathrm{a} = \frac{\sigma_\mathrm{max} - \sigma_\mathrm{min}}{2} = \frac{\Delta\sigma}{2} \tag{7.1}$$

平均応力（mean stress）

$$\sigma_\mathrm{m} = \frac{\sigma_\mathrm{max} + \sigma_\mathrm{min}}{2} \tag{7.2}$$

あるいは**応力比**（stress ratio）

$$R = \frac{\sigma_\mathrm{min}}{\sigma_\mathrm{max}} \tag{7.3}$$

で特徴付けられる．ここで，$\Delta\sigma = \sigma_\mathrm{max} - \sigma_\mathrm{min} = 2\sigma_\mathrm{a}$ は応力範囲と呼ばれる．パラメータは 5 つあるが，実験の際に 2 つを指定すれば全てが決まる．

[*9] 機械や構造物を破壊したり傷付けたりすることなくクラックを見つける検査のことです．目視検査の他に，超音波探傷法，放射線透過法，磁気探傷法，渦電流法，電気抵抗法などがあります．

7.2　クラックの進展速度

4章で述べたように，クラック先端近傍の応力場は応力拡大係数 K で規定できる．また，クラック先端近傍に塑性域が生じても，塑性域寸法がクラック長さや試験片寸法に比べて十分小さい小規模降伏の場合は，応力拡大係数 K によりクラック先端近傍の応力場を一義的に定めることができる．したがって，小規模降伏条件を満足しているクラックの第II段階における繰返し応力1サイクル当たりの進展量，すなわち**疲労き裂進展速度**（fatigue crack growth rate）$\mathrm{d}a/\mathrm{d}N$ は，応力拡大係数 K の関数として表すことができる．

繰返し応力の最大値および最小値はそれぞれ $\sigma_{\max}$ および $\sigma_{\min}$ であるので，応力拡大係数 K の最大値 $K_{\max}$ および最小値 $K_{\min}$ は，式 (4.20) を考慮して，以下の式で表すことができる．

$$K_{\max} = \sigma_{\max}\sqrt{\pi a}\cdot F,\ K_{\min} = \sigma_{\min}\sqrt{\pi a}\cdot F \tag{7.4}$$

したがって，K の変動範囲である**応力拡大係数範囲**（stress intensity factor range）ΔK は

$$\Delta K = K_{\max} - K_{\min} = \Delta\sigma\sqrt{\pi a}\cdot F \tag{7.5}$$

となる．一般に，$\sigma_{\min} < 0$ のときは圧縮応力によってクラックが閉口するので，$K_{\min} = 0$ とみなして $\Delta K = K_{\max}$ が用いられる．また，応力比 R を応力拡大係数で表すと次式になる．

$$R = \frac{\sigma_{\min}}{\sigma_{\max}} = \frac{K_{\min}}{K_{\max}} \tag{7.6}$$

疲労き裂進展の場合，平均応力の効果を表すパラメータとして応力比を用いることが多い．

式 (7.5) の ΔK を用いると，$\mathrm{d}a/\mathrm{d}N$ が両対数直線関係

$$\frac{\mathrm{d}a}{\mathrm{d}N} = C\,(\Delta K)^m \tag{7.7}$$

で表示でき，C および m は材料定数である．この式は**パリス則**（Paris law）と呼ばれている．一般には，図7.5に示すように，$\mathrm{d}a/\mathrm{d}N$–ΔK の関係は3つの領

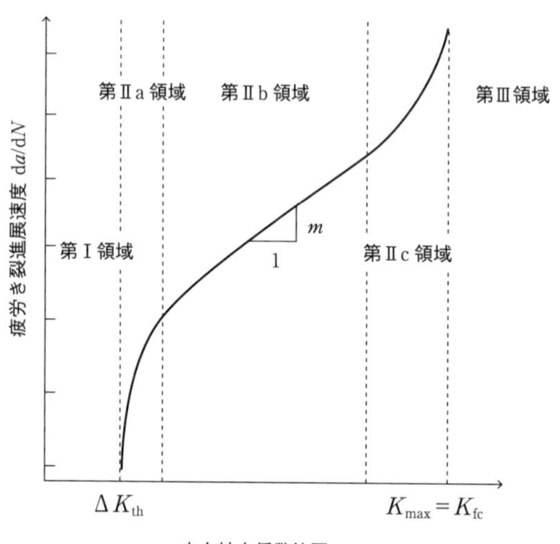

図 7.5　典型的な疲労き裂進展速度と応力拡大係数範囲の関係

域からなり，式 (7.7) は特定の範囲でのみ成立する．図 7.5 の ΔK が小さい第 IIa 領域[*10] では，ΔK の減少に伴い $\mathrm{d}a/\mathrm{d}N$ は低下する．そして，$\mathrm{d}a/\mathrm{d}N$ が十分小さくクラックの進展が生じないと見なされる ΔK の下限値に達する．この ΔK を ΔK_{th} と書いて**下限界応力拡大係数範囲**（threshold stress intensity factor range）と呼ぶ[*11]．一方，ΔK が大きい第 IIc 領域[*12] では，ΔK の増大に伴い $\mathrm{d}a/\mathrm{d}N$ が増大し，K_{max} が限界値 K_{c} に達すると，不安定破壊を生じる[*13]．この K_{c} を K_{fc} と書いて疲労破壊じん性値と呼ぶ．ΔK が中程度の第 IIb 領域では，クラックは安定に進展し，式 (7.7) のパリス則がよく成立する．

CT 試験片による疲労き裂進展試験結果を図 7.6 に示す．繰返し荷重を負荷すること[*14] と試験中にクラック長さを測ること[*15] 以外は 5 章で述べた破壊じん性試験とほぼ同じ要領で，図 7.6 は得られる．実験結果から C と m を求めると，式 (7.7) の応力拡大係数範囲からクラックの進展量を推定できるように

[*10] クラックが不連続進展挙動を示す領域です．
[*11] この応力拡大係数範囲以下ではクラックは進展しませんよ．
[*12] クラックが連続進展挙動を示す領域です．
[*13] 最終破壊です．
[*14] 与える荷重の大きさは破壊じん性試験の場合よりかなり小さくします．
[*15] ただし，試験中にクラックの長さを測ることはかなり難しいです．

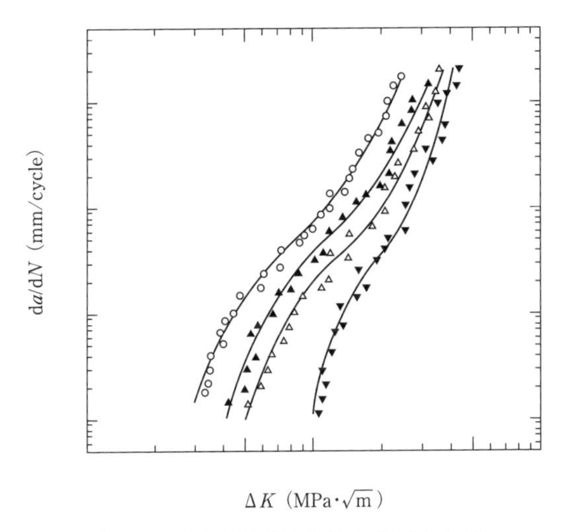

図 7.6　疲労き裂進展特性の典型的な例

なる．これは実機の検査間隔を決定する上で重要なデータとなる．一般に，疲労き裂進展速度はクラック開閉口現象や変動振幅応力の影響を受けるため，図 7.6 を求める際，応力比などの試験条件に注意が必要である．

例題 7.1

十分大きな構造用炭素鋼（S35C）製の板に引っ張りの繰返し応力（$R=0$）が負荷されており，非破壊検査で全長 $2a=1$ mm のクラックが発見された．このとき次の問に答えよ．

問 1　応力拡大係数の下限界値 ΔK_{th} を 5.0 MPa$\cdot\sqrt{\mathrm{m}}$ とするとき，無限の疲労寿命となる応力範囲を求めよ．

問 2　いま，250 MPa の引張繰返し応力が負荷されている．S35C の破壊じん性値 K_{c} を 60 MPa$\cdot\sqrt{\mathrm{m}}$ とすると，このクラックから生じた疲労き裂が不安定破壊するときのクラック全長 $2a_{\mathrm{f}}$ を求めよ．

解答 7.1

問 1　十分大きな板なので，式 (7.5) において $F=1$ とおくと

$$\Delta\sigma = \frac{\Delta K_{\mathrm{th}}}{\sqrt{\pi a}} = \frac{5.0\times10^{6}}{\sqrt{\pi\times0.5\times10^{-3}}} = 126\ \mathrm{MPa}$$

問 2　$\Delta\sigma=\sigma_{\max}=250$ MPa より，式 (4.5) から

$$a_{\mathrm{f}} = \frac{1}{\pi}\left(\frac{K_{\mathrm{c}}}{\sigma_{\max}}\right)^2 = \frac{1}{\pi}\left(\frac{60}{250}\right)^2 = 18.33 \times 10^{-3}$$

したがって，$2a_{\mathrm{f}} = 36.7$ mm. ■

日航ジャンボ機の墜落

1985年8月12日，東京羽田空港から18時12分に離陸した大阪伊丹空港行きの日本航空123便「B-747型機」は，その12分後に後部圧力隔壁が破損，それに伴って垂直尾翼と補助動力装置が脱落し，操縦が不能となりました．そして，迷走飛行の末，最終的に群馬県上野村御巣鷹山に追突しました．後部圧力隔壁材に存在する複数のリベット穴の縁から発生した多数のクラックが進展・合体し，離陸後に圧力の増大に伴って，応力拡大係数が式（6.1）を満足して生じた急速不安定破壊が原因だったようです．

リベット穴には疲労き裂がすでに存在していたそうです．疲労き裂はフライトごとに生じる圧力変動で徐々に進展・合体しますが，破壊後の破面の電子顕微鏡写真から，疲労き裂は事故直前のフライト数12,300回で27 cm以上だったそうです（図a）．通常1個のリベット穴にクラックが存在しても問題ない（図b）のですが，複数のリベットにクラックが存在するととても恐ろしい結果をもたらします（図c）．

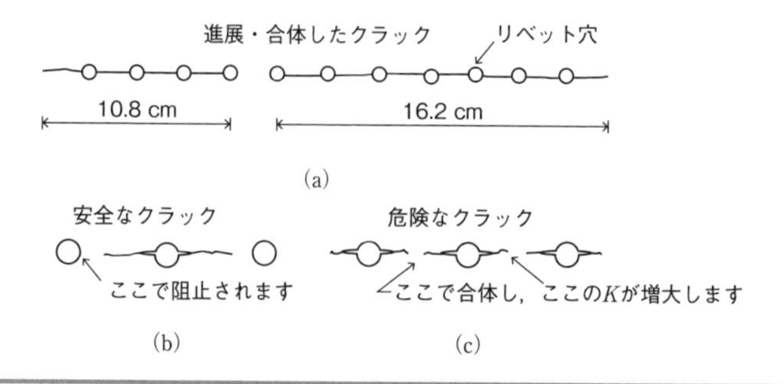

7.3　疲労寿命を予知する

式 (7.7) のパリス則は**損傷許容設計** (damage tolerant design)[*16] における疲労き裂進展寿命を評価するために用いられている．損傷許容設計とは，構造物にある寸法以下のクラックが存在すると仮定した後，破壊力学を適用してクラックの進展を予測し，保守・点検期間を合理的に決定する手法である．

図 7.5 より，第 IIa 領域の疲労き裂進展速度 $\mathrm{d}a/\mathrm{d}N$ は，式 (7.7) で求めたものより小さく，常に安全側である．一方，危険側の第 IIc 領域では，$\mathrm{d}a/\mathrm{d}N$ が高く全体の寿命に占める割合は小さい．したがって，式 (7.7) を積分して疲労き裂進展寿命 N_p を求めることができる．無限平板を考え，式 (7.7) に式 (7.5) を代入し，繰返し数 N について 0 から N_p まで，クラック長さ a については初期クラック長さ a_0 から最終クラック長さ a_f まで積分すると，疲労き裂進展寿命は

$$\begin{aligned} N_\mathrm{p} &= \int_{a_0}^{a_\mathrm{f}} \frac{1}{C(\Delta K)^m}\mathrm{d}a = \int_{a_0}^{a_\mathrm{f}} \frac{\mathrm{d}a}{C\left(\Delta\sigma\sqrt{\pi a}\cdot F\right)^m} \\ &= \frac{1}{C\left(\Delta\sigma\sqrt{\pi}\cdot F\right)^m(m/2-1)}\left(\frac{1}{a_0^{m/2-1}} - \frac{1}{a_\mathrm{f}^{m/2-1}}\right) \end{aligned} \tag{7.8}$$

と求まる．いま，$a_0 \ll a_\mathrm{f}$ と仮定すると，式 (7.8) の $1/(a_\mathrm{f}^{m/2-1})$ が無視できるので，$N=0$ で $a=a_0$ に対応する初期応力拡大係数範囲 ΔK_0 を用いると，

$$\Delta K_0^m N_\mathrm{p} = \frac{2a_0^{1-m/2}}{C\,(m-2)} \tag{7.9}$$

が得られる．式 (7.9) は，図 7.7 に示すようにクラック材の S-N 曲線に相当し，初期応力拡大係数が ΔK_th 以下であればクラックは進展しない．

材料の欠陥や表面などから微小クラックが発生し，そのクラックが進展を開始するまでには N_i 回の負荷サイクルが必要であり，これを疲労き裂発生寿命 N_i という．したがって，全寿命 N_t は

$$N_\mathrm{t} = N_\mathrm{i} + N_\mathrm{p} \tag{7.10}$$

で表すことができる．損傷許容設計では，N_i の正確な予測は困難であるため，

[*16] 7.4.3 項で説明します．

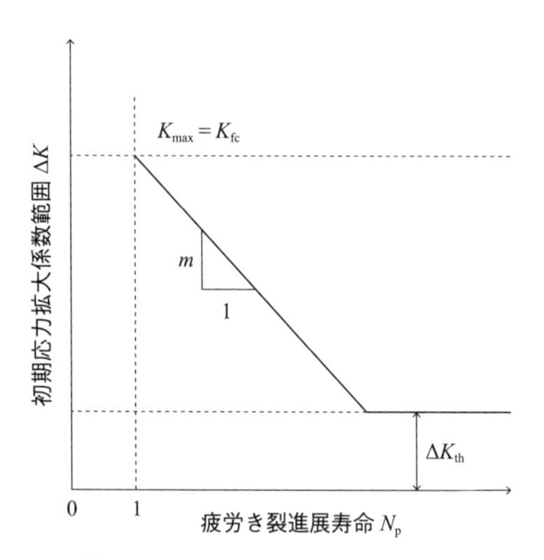

図 **7.7**　クラック材の初期応力拡大係数範囲と疲労き裂進展寿命の関係

$N_t = N_p$ とし，安全側の余寿命予測が行われている．この場合，a_0 を保守点検時の許容欠陥寸法とすれば，N_p が保守点検期間の上限となる．

例題 7.2

十分大きな構造用炭素鋼（S35C）製の板に引っ張りの繰返し応力（$R = 0$）が負荷されており，非破壊検査で全長 $2a = 1$ mm のクラックが発見された．例題 7.1 問 2 の条件で，不安定破壊するまでの繰返し数を予測せよ．S35C のパリス則は次式で表されるものとする．

$$\frac{\mathrm{d}a}{\mathrm{d}N} = 1.0 \times 10^{-12} (\Delta K)^4$$

解答 7.2

式 (7.7) を考慮すると，$C = 10^{-12}$, $m = 4$．したがって，疲労き裂進展寿命は，式 (7.8) より

$$\begin{aligned} N_p &= \frac{1}{C(\Delta\sigma\sqrt{\pi} \cdot F)^m (m/2 - 1)} \left(\frac{1}{a_0^{m/2-1}} - \frac{1}{a_f^{m/2-1}} \right) \\ &= \frac{1}{10^{-12}(250\sqrt{\pi} \times 1)^4} \left(\frac{1}{0.5 \times 10^{-3}} - \frac{1}{18.33 \times 10^{-3}} \right) \\ &= 50461.4 \approx 50500 \text{ cycles} \end{aligned}$$

となる[*17]. ■

H-II ロケット打ち上げ失敗

1999 年 11 月 15 日 16 時 30 分ごろ,「H-II ロケット 8 号機」が種子島宇宙センターから打ち上げられましたが,"4 分後" に第一段エンジンが燃焼を急停止し,ロケット打ち上げは失敗におわりました.設計時に想定していたより大きな振動によって,エンジンのターボポンプのインデューサ羽根が疲労破壊し,ポンプが急停止したためです.インデューサ羽根の材料はチタン合金でした.

インデューサ羽根には,遠心力による膜応力と流れによる曲げ応力が平均応力 σ_{m} として作用しますが,振動により応力振幅 σ_{a} も作用します.また,加工痕によって応力集中が生じ,その結果,σ_{a} が疲労限度を超え,インデューサ表面の加工痕から疲労き裂が発生します.

応力範囲 $\Delta\sigma$ を用いて疲労き裂進展解析を実施した結果,疲労き裂発生寿命 N_{i} と疲労き裂進展寿命 N_{p} の合計が時間に換算して "4 分程度" だったようです.

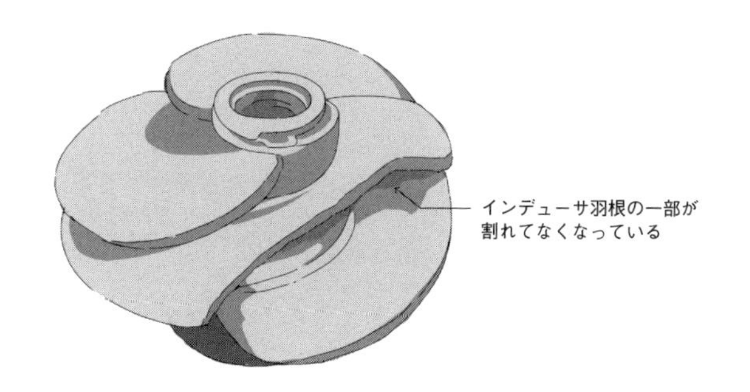

7.4 設計のフィロソフィー

機械・構造物の高性能化や大型化に伴い,材料は過酷な環境下で使用されるよ

*17 $\Delta\sigma$ の単位は MPa です.$\Delta\sigma$ に 250×10^6 を代入してはいけません.

うになる．その結果，当然ながら機械や構造物には高い安全性の確保と機能[*18]の発現が要求され，強度・機能および寿命を高精度に評価することが必要となる．

機械や構造物の形状・寸法と，それをつくっている材料の性質を知ることができれば，設計者は少なくとも機械や構造物がどの程度変形し，どの程度応力が作用するか，予測することができる．そして，これらの初期条件をもとに，機械や構造物に生じうる破損様式を予知[*19]することが可能となる．このようなことから，機械や構造物の強度・機能および寿命の評価を行うには，図 1.9(a) に示したような材料の挙動を正確に把握し，図 7.8 に示すような実働外力と使用環境を考慮して応力の解析を実施することが有用である．

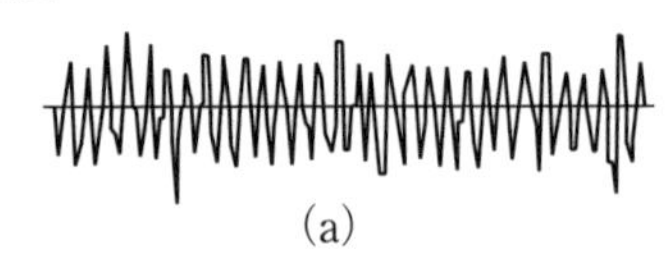

(a)

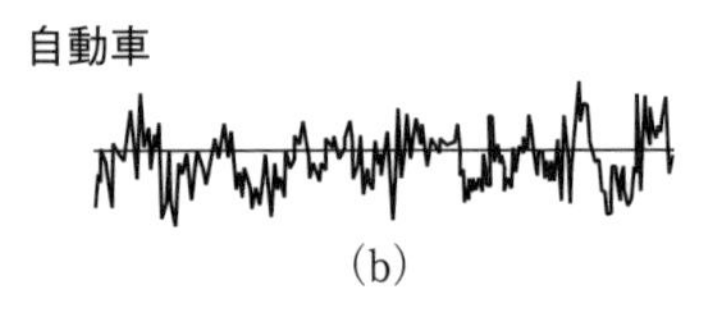

(b)

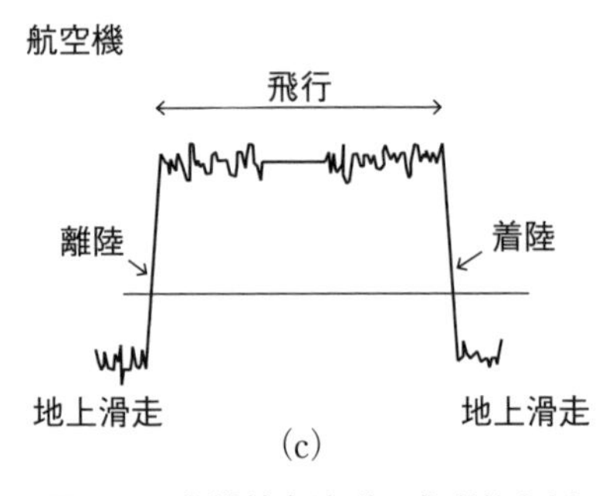

(c)

図 7.8　実働外力波形の典型的な例

*18　製品のライフサイクルやコストも含みます．

*19　例えばガラスの損傷を予測するとき，ミーゼスの降伏条件を用いてはいけませんよ．同じような理由で，アルミニウム合金の破損を予測するとき，最大主応力説は使いません．

7.4.1 応力解析による設計

機械や構造物の設計には，強度設計と機能設計の両方が要求され，通常設計者は，応力解析を行い，その結果に基づいて強度・機能を評価する．解析によって応力状態を正確に把握できるため，安全上材料に許される最大応力をより高く設定した合理的な設計が可能となる．一方，対象とする構造についてすでに確立してある公式を用いて寸法などを決定[*20]する方法もあるが，似たような構造に対する過去の使用経験や実験結果が必要であり，新しい機械や構造物の設計には向いていない．

7.4.2 材料力学と破壊力学

機械や構造物を設計する際，設計者は材料力学に基づいて適当な材料を選択し，負荷応力が降伏応力（式 (1.3)）や引張強さ（式 (1.4)）以下になるように，あるいは，応力振幅が疲労限度（図 7.1(b)）以下になるように設計する．当然，図 2.1 に示したような応力集中部を極力除くように，形状・寸法を工夫する必要がある．もちろん，クラックは存在していないという立場に立っているため，機械や構造物の作製段階においては，クラックの存在が予想される応力集中部に対して非破壊検査を実施し，クラックが存在しないことを保証しなければならない．

これに対し，破壊力学設計では，機械や構造物にクラックが存在するという事実を認め，負荷を下限界応力拡大係数範囲 ΔK_{th}（図 7.5）以下に設定して，クラックが進展しないように保証している．また，疲労き裂進展寿命（図 7.7）を解析する方法もある．原子力機器や航空機などで積極的に導入されている．

7.4.3 クラック進展解析による設計

運用期間中に疲労などによる損傷が生じないように十分安全を確保して設計する手法があり，セーフライフ設計と呼んでいる．運用中に検査をしない場合や検査が困難な場合に適用される．図 7.1(b) に示した S-N 曲線の疲労限度に基づく設計もあるが，実働外力（図 7.8）と強度の統計的なばらつきがあって，

---

*20 耐震設計などです．

安全を 100% 保証することはできない．

構造の一部に損傷が生じても構造物全体の安全性を確保しつづける手法があり，フェールセーフ設計と呼んでいる．モニタリング・定期検査で損傷が見つかった場合は，適切な補修・交換などを行って安全性を確保する．ある部材が破壊しても全体の構造は依然安全であるという考え方であり，例えば，部材を多重構造とし，そのうち 1 つが破壊しても残った構造部材が応力を負担してくれる多経路負荷構造や，発生したクラックを停止させてくれるクラックアレスタ構造があげられる．検査と組み合わせて安全性を確保している．

破壊力学に基づいて緻密な破壊管理を行うクラックベースの設計手法[*21] があり，損傷許容設計と呼んでいる．あらかじめ，ある長さ以下のクラックが存在することを想定し，式 (7.8) などを用いたクラック進展解析を行って，クラック長さと運用回数の関係を得る．また，このクラック長さと疲労破壊じん性値 K_{fc} から脆性破壊を起こす限界応力が予測できる．運用回数の増大に伴い，クラック長さは増大して限界応力が減少するので，この限界応力が材料に許される最大応力よりも小さくなる前に定期検査を行えばよい．損傷を受けた部材を補修または交換すれば，許容寸法以上のクラックが取り除かれることになる．この過程を繰り返すことで，安全性を確保したまま運用できる．損傷許容設計は原子炉圧力容器などの構造健全性評価にも導入されている．

演　習　問　題

1　十分大きな鋼製の板に引っ張りの繰返し応力(応力比 $R = -1$)が負荷されており，非破壊検査で全長 $2a = 2\ \mathrm{mm}$ のクラックが発見された．このとき，次の問に答えよ．ただし，この材料の下限界応力拡大係数範囲 $\Delta K_{\mathrm{th}} = 5\ \mathrm{MPa}\cdot\sqrt{\mathrm{m}}$，破壊じん性値 $K_{\mathrm{Ic}} = 60\ \mathrm{MPa}\cdot\sqrt{\mathrm{m}}$ とする．

(a)　発見されたクラックが進展せず停留するとき，応力範囲 $\Delta\sigma$ が満たす

[*21] 1969 年，米国ネバダ州ネリス空軍基地で行われた爆撃の模擬走行時に，航空爆撃機 F-111 の主翼が飛行中に完全に外れてしまい，操縦士が死亡する事故が起きました．この航空機は短期間の運用だったにもかかわらず，翼に適用された鋼材にひび割れが発生したようです．それ以降，この考え方が導入されるようになりました．

条件を求めよ．

(b)　いま，100 MPa の引張繰返し応力が負荷されている．このクラックから生じた疲労き裂が不安定破壊するときのクラック全長 $2a_{\mathrm{f}}$ を求めよ．

(c)　不安定破壊するまでの繰返し数を予測せよ．ただし，この材料のパリス則は次式で表されるものとし，ΔK の単位は $\mathrm{MPa}\cdot\sqrt{\mathrm{m}}$ とする．

$$\frac{\mathrm{d}a}{\mathrm{d}N} = 1.0 \times 10^{-12} (\Delta K)^4$$

2　片側クラック ($a_{\mathrm{i}} = 1$ mm) を有する半無限板に，無限遠方で応力範囲 $\Delta\sigma = 50$ MPa の繰返し応力 ($R = 0$) が作用している．このとき，次の問に答えよ．ただし，この材料の下限界応力拡大係数範囲は $\Delta K_{\mathrm{th}} = 3.0\ \mathrm{MPa}\cdot\sqrt{\mathrm{m}}$，疲労破壊じん性値は $K_{\mathrm{fc}} = 50\ \mathrm{MPa}\cdot\sqrt{\mathrm{m}}$，$R = 0$ に対する疲労き裂進展速度 $\mathrm{d}a/\mathrm{d}N$ と応力拡大係数範囲 ΔK との関係は，$\mathrm{d}a/\mathrm{d}N = 1.0 \times 10^{-12} (\Delta K)^4$ とする．

(a)　負荷される最大応力と最小応力を求めよ．また，クラック先端に負荷される応力拡大係数範囲 ΔK を求めよ．

(b)　一般的な金属材料の疲労き裂進展速度と応力拡大係数範囲との関係を図示せよ．また，その図を使って，下限界応力拡大係数範囲，疲労破壊じん性値，パリス則を説明せよ．

(c)　初期クラックから進展した疲労き裂が不安定破壊するときのクラック長さ a_{f} を求めよ．

(d)　クラック長さが 5 mm に進展するまでの繰返し数 N_{p} を求めよ．ただし，応力範囲はクラック長さに依存せず一定とする．

(e)　クラック長さが 5 mm に進展したとき，その後，停留させるために必要な応力範囲が満たすべき条件を求めよ．ただし，応力比は変えないものとする．

A
付　　録

A.1　理論強度ってなに？

A.1.1　理論へき開強度

金属材料を引っ張って分離させる場合，材料内部でどのような現象が生じているのであろうか．結晶に外力を加えると特定の面に沿って割れが生じ，平らな面が出現する．この現象はへき開と呼ばれる．脆性破壊の大分部がへき開破壊であり，へき開破壊では，図 A.1(a) に示すように，垂直応力 σ によって，原子がへき開面に対して垂直に分離する．このような原子の分離は，平衡状態の原子間距離 x_0 で並んでいる原子同士を引き離すのに必要なエネルギーが加えられたとき，生じる．

図 A.1(b) に示す上のグラフは 2 つの原子間の相互エネルギー W と距離 x の関係を示したもので，W_c は原子同士を引き離すのに必要な仕事，すなわち二体原子間の結合エネルギーである．原子同士を結び付ける力は静電引力と電子同士の接触により生じる斥力（反発力）で，この 2 つの力がつり合うところで原子同士は安定となり，原子は一定の間隔 x_0 で並ぶ．最も安定な平衡位置 x_0 から変位 $x - x_0 = u$ を与えると，原子には元の位置に戻ろうとする復元力が働く．結合強度を推定するためには，この復元力，すなわち原子間力 P と原子間距離の関係[*1] を，u を変数として以下のように波長 λ の正弦波で近似すると都合がよい．

[*1]　力は原子間の相互エネルギーをその距離で微分したものです．

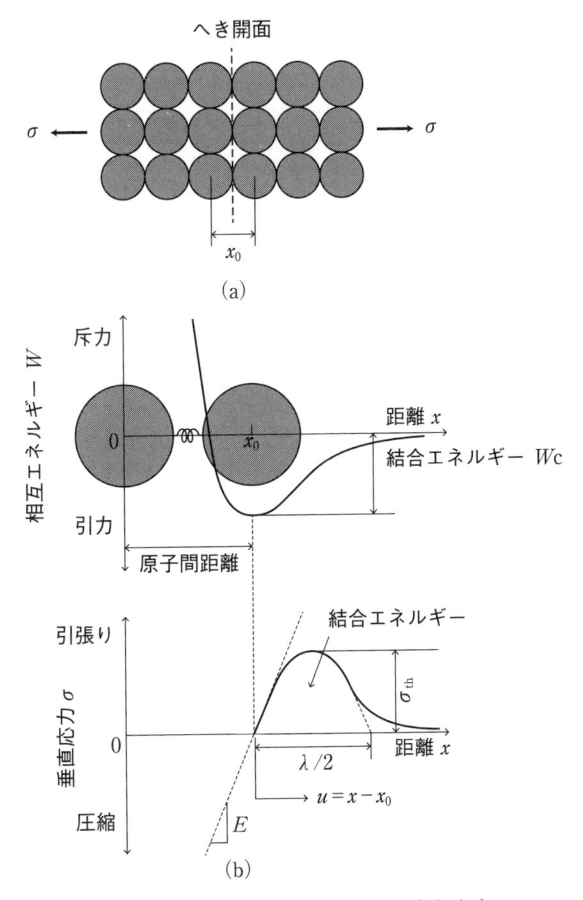

図 **A.1**　原子間のエネルギーと垂直応力

$$P = P_\mathrm{c} \sin \frac{2\pi u}{\lambda} \tag{A.1}$$

ここで，P_c は原子間の結合力（凝集力）である．P の作用する面積を A とし，$P_\mathrm{c}/A = \sigma_\mathrm{th}$ とおいて式 (A.1) を垂直応力で書き表せば，

$$\sigma = \sigma_\mathrm{th} \sin \frac{2\pi u}{\lambda} \tag{A.2}$$

となる．上式の σ_th が原子間力の最大値，すなわち**理論へき開強度**（theoretical cleavage strength）である．

図 A.1(b) の下のグラフは垂直応力と原子間距離の関係を示したものである．

ひずみ ε は u/x_0，縦弾性係数 E は $x = x_0$ における σ–x 曲線の傾きであることを利用すれば，

$$\left.\frac{\mathrm{d}\sigma}{\mathrm{d}\varepsilon}\right|_{x=x_0} = \frac{\mathrm{d}u}{\mathrm{d}\varepsilon}\left.\frac{\mathrm{d}\sigma}{\mathrm{d}u}\right|_{x=x_0} = x_0\left[\sigma_{\mathrm{th}}\frac{2\pi}{\lambda}\cos\frac{2\pi\times 0}{\lambda}\right] = x_0\left(\sigma_{\mathrm{th}}\frac{2\pi}{\lambda}\right) = E \tag{A.3}$$

となる．したがって，

$$\sigma_{\mathrm{th}} = \left(\frac{1}{2\pi}\frac{\lambda}{x_0}\right)E \tag{A.4}$$

が得られ，$\lambda/2$ が平衡状態の原子間距離 x_0 に等しいと仮定すれば，

$$\sigma_{\mathrm{th}} = \frac{E}{\pi} \tag{A.5}$$

となる．一般に，理論へき開強度は縦弾性係数の 10 分の 1 程度となる式 $\sigma_{\mathrm{th}} = E/10$ が広く知られている．

一方，図 A.1(b) の下のグラフの面積

$$\int_0^{\lambda/2}\sigma_{\mathrm{th}}\sin\frac{2\pi u}{\lambda}\mathrm{d}u = \frac{\lambda\sigma_{\mathrm{th}}}{\pi} \tag{A.6}$$

は W_{c} に等しい．破壊時には 2 つの表面ができるので，1 つの表面が持つ単位体積当りのエネルギー[*2] を γ とおくと，

$$W_{\mathrm{c}} = \frac{\lambda\sigma_{\mathrm{th}}}{\pi} = 2\gamma \tag{A.7}$$

となり，式 (A.4)，(A.7) から λ を消去すれば，

$$\sigma_{\mathrm{th}} = \sqrt{\frac{E\gamma}{x_0}} \tag{A.8}$$

が得られる．このように，材料の理想的な引張強さを原子レベルで導くことができる[*3]．

---

*2　3.1.1 項で説明していますよ．表面張力のことです．

*3　理論へき開強度は一般の材料の引張強さとどの程度異なると思いますか？　例えば，鉄の単結晶の場合，理論へき開強度は 77 GPa ですが，実測値は 13.1 GPa で理論値の 0.17 倍です．

A. 1. 2　理論せん断強度

材料が降伏し，弾性変形から塑性変形に至る過程で，材料内部でどのような現象が生じているのであろうか．図 A.2(a) に示すように，A と B の原子列が面間距離 d だけ離れ，各原子が一定の間隔 b で並んでいる結晶を考えると，降伏は，せん断応力 τ によって，A の原子列の一番左の原子が B の原子列の一番左の原子を越えて再び安定な位置に配置されるときに生じる．

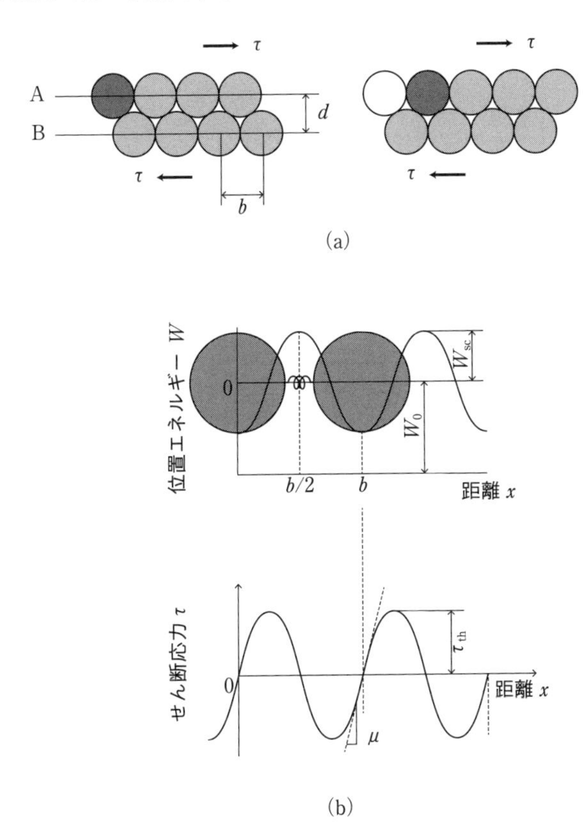

図 **A.2**　原子間のエネルギーとせん断応力

図 A.2(b) に示す上のグラフは A の原子列が B の原子列の上を一斉に移動するときの位置エネルギー W の変化を示しており，W が最小となる点が A の原子列が最も安定に存在する位置である．結晶内部のエネルギーの状態は安定な位置の周期，すなわち b と同じ周期を持っているので，結晶内部の位置エネルギーの変化は次のように与えられる．

$$W = W_0 - W_{\mathrm{sc}} \cos \frac{2\pi x}{b} \tag{A.9}$$

ここで，W_0 は平均エネルギー，W_{sc} は振幅である．A の原子列を x 方向に距離 u だけ移動させるとき，元の安定な場所に戻そうとする力または次に安定な場所に動かそうとする力

$$P_{\mathrm{s}} = \frac{\mathrm{d}W}{\mathrm{d}x} = W_{\mathrm{sc}} \frac{2\pi}{b} \sin \frac{2\pi x}{b} \tag{A.10}$$

がすべり面上で x 方向に働く．P_{s} の作用する面積を A とし，$(W_{\mathrm{sc}}/A)(2\pi/b) = \tau_{\mathrm{th}}$ とおくと，そのときのせん断応力は

$$\tau = \frac{P_{\mathrm{s}}}{A} = \tau_{\mathrm{th}} \sin \frac{2\pi x}{b} \tag{A.11}$$

となる．上式の τ_{th} が原子列をすべらせるのに必要なせん断応力の最大値，すなわち**理論せん断強度**（theoretical shear strength）である．x が微小であると仮定すると，$\sin(2\pi x/b) \approx 2\pi x/b$ が成り立つので，せん断応力は

$$\tau = \tau_{\mathrm{th}} \left(\frac{2\pi x}{b} \right) \tag{A.12}$$

と近似できる．

図 A.2(b) の下のグラフはせん断応力と原子間距離の関係を示したものである．フックの法則が成立するので，せん断ひずみが x/d であることを利用すると，式 (A.12) は

$$\tau = \mu \left(\frac{x}{d} \right) \tag{A.13}$$

になり，式 (A.12)，(A.13) から，

$$\tau_{\mathrm{th}} = \frac{\mu b}{2\pi d} \tag{A.14}$$

が得られる．近似的に $b = d$ とすれば，理想せん断強度は

$$\tau_{\mathrm{th}} = \frac{\mu}{2\pi} \tag{A.15}$$

となる．このように，材料の理想的なせん断強度を原子レベルで導くことができる[*4]が，実際の値は τ_{th} の 100 分の 1〜1000 分の 1 程度にすぎない．

[*4] 理論せん断強度は一般の材料のせん断強度とどの程度異なると思いますか？　例えば，鉄の単結晶の場合，理論せん断強度は 12.9 GPa ですが，実測値は 27.5 MPa で理論値の 0.0021 倍です．

A.2　八面体せん断応力ってなに？

トレスカの降伏条件式 (5.14) は表現が簡単であり，多軸応力下での構造物の強度設計に用いられるが，金属材料では，式 (5.14) を満足してもなお弾性状態を保つ場合も多く，必ずしも厳密ではない．ここでは，より厳密なミーゼスの降伏条件の誘導方法について紹介する．

直交座標系と主軸[*5] を一致させると，$\sigma_{xx} = \sigma_1$，$\sigma_{yy} = \sigma_2$，$\sigma_{zz} = \sigma_3$，$\sigma_{xy} = \sigma_{yz} = \sigma_{zx} = 0$ になるので，式 (5.9) は

$$p_{nx} = \sigma_1 n_x,\ p_{ny} = \sigma_2 n_y,\ p_{nz} = \sigma_3 n_z \tag{A.16}$$

と書ける．このとき，応力ベクトル $\boldsymbol{p}_n$ の大きさは

$$p_n = \sqrt{p_{nx}^2 + p_{ny}^2 + p_{nz}^2} = \sqrt{\sigma_1^2 n_x^2 + \sigma_2^2 n_y^2 + \sigma_3^2 n_z^2} \tag{A.17}$$

で表される．

3 つの主軸と等しい角をなす面は，図 A.3 のように 8 つ存在する．全ての頂点を座標軸（主軸）に持つ正八面体の面上では，$n_x = n_y = n_z = 1/\sqrt{3}$ である[*6] ので，この面に作用する垂直応力は

$$\sigma_{\mathrm{oct}} = p_{nx} n_x + p_{ny} n_y + p_{nz} n_z = \frac{1}{3}(\sigma_1 + \sigma_2 + \sigma_3) \tag{A.18}$$

となる[*7]．したがって，式 (5.8) に式 (A.17)，(A.18) を代入して，

$$\tau_{\mathrm{oct}} = \sqrt{p_n^2 - \sigma_{\mathrm{oct}}^2} = \frac{1}{3}\sqrt{(\sigma_1 - \sigma_2)^2 + (\sigma_2 - \sigma_3)^2 + (\sigma_3 - \sigma_1)^2} \tag{A.19}$$

が得られ，これを**八面体せん断応力**（octahedral shear stress）という．この応力が $\sqrt{2}\sigma_{\mathrm{Y}}/3$ に達したとき，降伏が開始する．

一方，ひずみエネルギー密度式 (3.2) は，主応力を用いて，

$$\bar{U} = \frac{1 - 2\nu}{6E}(\sigma_1 + \sigma_2 + \sigma_3)^2 + \frac{1 + \nu}{6E}\left[(\sigma_1 - \sigma_2)^2 + (\sigma_2 - \sigma_3)^2 + (\sigma_3 - \sigma_1)^2\right] \tag{A.20}$$

[*5] 5.3.2 項で説明していますよ．
[*6] $n_x = n_y = n_z$，$n_x^2 + n_y^2 + n_z^2 = 1$ から求まります．
[*7] 静水圧と呼ばれています．平均応力ともいいますが，式 (7.2) とは物理的意味が異なります．

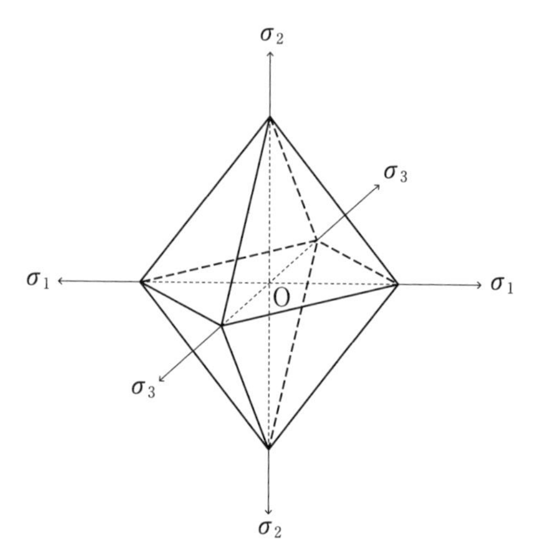

図 **A.3**　八面体

と表せる．式 (A.20) の右辺第 1 項は体積変化に対するひずみエネルギー密度であり，体積弾性エネルギーと呼ばれる．また，右辺第 2 項は体積変化を伴わないひずみエネルギー密度であり，八面体せん断応力 τ_{oct} の 2 乗と関係している．したがって，材料に蓄えられるひずみエネルギーのうち，体積変化を伴わないせん断ひずみエネルギーだけが降伏に関与すると考えることができる．

A.3　J 積分ってなに？

ここでは，弾塑性破壊力学の基礎概念について述べる．図 A.4 は弾塑性材料および非線形弾性材料の応力–ひずみ線図を示したものである．両材料は負荷挙動が同じで除荷挙動が異なるので，除荷が起きない限り，非線形弾性挙動を仮定した解析は弾塑性材料に対しても成立する．

A.3.1　非線形弾性材料のエネルギー解放率——J 積分

いま，図 A.4 のような応力–ひずみ挙動を示す非線形弾性材料を考える．図 A.5 に示す直交座標系 O–xy において，長さ a のクラックが存在する平板を考え，クラックの下面から始まりクラック先端を囲んで上面に至る任意の経路を

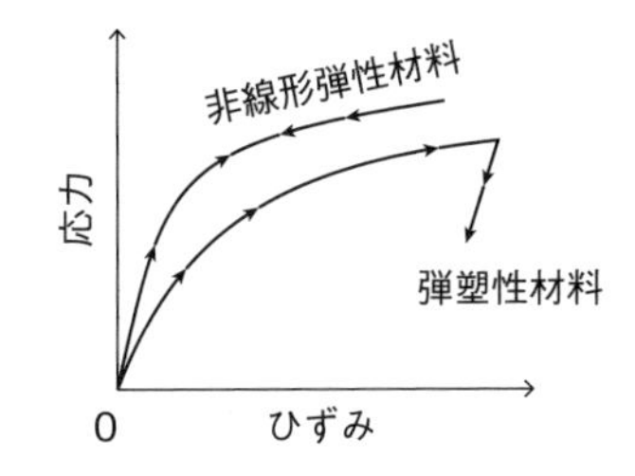

図 **A.4**　弾塑性材料と非線形弾性材料

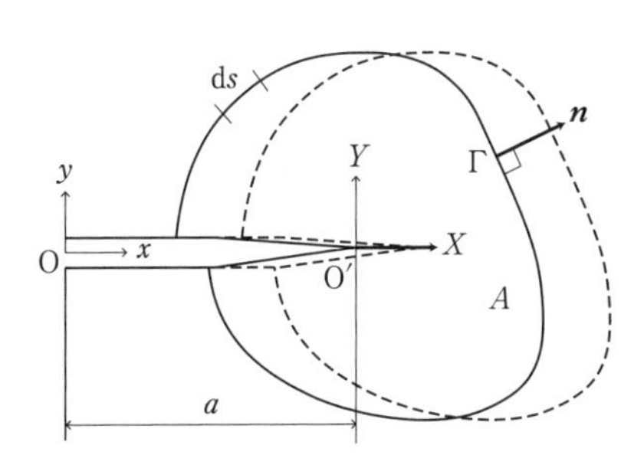

図 **A.5**　クラック先端近傍を囲む任意の積分経路

Γ，その領域の面積を A とする．領域 A における外力がする仕事と平板が持っているエネルギーの和は，式 (3.7) を考慮し，

$$\Pi = U - W \tag{A.21}$$

とおくことができる．板の厚さを B とし，図 A.5 のように直交座標系 O'–XY をとって，Γ 上に作用する表面力ベクトル[*8] の成分を T_x，T_y とすると，式 (A.21) は

$$\Pi = B\int_A \bar{U}\mathrm{d}X\mathrm{d}Y - B\int_\Gamma (T_x u_x + T_y u_y)\mathrm{d}s \tag{A.22}$$

と書ける[*9]．ここで，$\mathrm{d}s$ は Γ に沿う微小線素，$\bar{U}$ は次式で定義されるひずみエネルギー密度である．

---

*8　いわゆる外力です．

*9　領域 A における U は，3.1.1 項で述べた通り，ひずみエネルギー密度を体積 AB で積分すれば求まります（面積分して厚さを掛ける）．経路 Γ における W は，3.1.3 項で述べた通り，荷重と変位を掛け算すれば求まりますが，(T_x, T_y)，(u_x, u_y) は Γ 上の点での値ですので，Γ で線積分して厚さを掛けてあげないといけません．

$$\bar{U}=\int_0^{\varepsilon_{xx}}\sigma_{xx}\mathrm{d}\varepsilon_{xx}+\int_0^{\varepsilon_{yy}}\sigma_{yy}\mathrm{d}\varepsilon_{yy}+\int_0^{\gamma_{xy}}\sigma_{xy}\mathrm{d}\gamma_{xy} \tag{A.23}$$

さらに，表面力 T_x, T_y は式 (5.5)，(5.6) より

$$T_x=\sigma_{xx}n_x+\sigma_{yx}n_y,\quad T_y=\sigma_{xy}n_x+\sigma_{yy}n_y \tag{A.24}$$

と書ける．式 (3.15) を考慮し，クラック長さが Δa だけ変化したときの Π の変化 $\Delta\Pi$ を求め，$\Delta a\to 0$ とすると，

$$-\frac{1}{B}\frac{\mathrm{d}\Pi}{\mathrm{d}a}=-\frac{\mathrm{d}}{\mathrm{d}a}\int_A\bar{U}\mathrm{d}X\mathrm{d}Y+\int_\Gamma\left(T_x\frac{\mathrm{d}u_x}{\mathrm{d}a}+T_y\frac{\mathrm{d}u_y}{\mathrm{d}a}\right)\mathrm{d}s \tag{A.25}$$

が得られる[*10]．ここで，$X=x-a$ より，$\partial X/\partial a=-1$, $\partial/\partial X=\partial/\partial x$ を考慮[*11]すると，式 (A.25) は

$$\begin{aligned}-\frac{1}{B}\frac{\mathrm{d}\Pi}{\mathrm{d}a}&=-\int_A\frac{\partial\bar{U}}{\partial a}\mathrm{d}X\mathrm{d}Y+\int_\Gamma\bar{U}\mathrm{d}y\\&\quad+\int_\Gamma\left(T_x\frac{\partial u_x}{\partial a}+T_y\frac{\partial u_y}{\partial a}\right)\mathrm{d}s-\int_\Gamma\left(T_x\frac{\partial u_x}{\partial x}+T_y\frac{\partial u_y}{\partial x}\right)\mathrm{d}s\end{aligned} \tag{A.26}$$

となる．また，$\partial\bar{U}/\partial a$ を応力と変位で表したもの[*12]を式 (A.26) の右辺第 1 項に代入し，式 (A.24) と外向き単位法線ベクトル成分 $n_x=\partial y/\partial s$, $n_y=-\partial x/\partial s$ を考慮すれば，式 (A.26) の右辺第 1 項と第 3 項は相殺されるので，

$$\begin{aligned}&\int_\Gamma\left[\bar{U}n_x-\left(T_x\frac{\partial u_x}{\partial x}+T_y\frac{\partial u_y}{\partial x}\right)\right]\mathrm{d}s\\&=\int_\Gamma\left[\left\{\bar{U}-\left(\sigma_{xx}\frac{\partial u_x}{\partial x}+\sigma_{xy}\frac{\partial u_y}{\partial x}\right)\right\}\mathrm{d}y+\left(\sigma_{xy}\frac{\partial u_x}{\partial x}+\sigma_{yy}\frac{\partial u_y}{\partial x}\right)\mathrm{d}x\right]\\&=J\end{aligned} \tag{A.27}$$

が得られる．これを J 積分（J-integral）と呼ぶ[*13]．

[*10] u_x,u_y を a で微分します．T_x,T_y を微分しませんよ．

[*11] $\frac{\mathrm{d}}{\mathrm{d}a}=\frac{\partial}{\partial a}+\frac{\partial X}{\partial a}\frac{\partial}{\partial X}+\frac{\partial Y}{\partial a}\frac{\partial}{\partial Y}=\frac{\partial}{\partial a}-\frac{\partial}{\partial x}$

[*12] $\frac{\partial\bar{U}}{\partial a}=\frac{\partial\bar{U}}{\partial\varepsilon_{xx}}\frac{\partial\varepsilon_{xx}}{\partial a}+\frac{\partial\bar{U}}{\partial\varepsilon_{yy}}\frac{\partial\varepsilon_{yy}}{\partial a}+2\frac{\partial\bar{U}}{\partial\varepsilon_{xy}}\frac{\partial\varepsilon_{xy}}{\partial a}=\sigma_{xx}\frac{\partial\varepsilon_{xx}}{\partial a}+\sigma_{yy}\frac{\partial\varepsilon_{yy}}{\partial a}+2\sigma_{xy}\frac{\partial\varepsilon_{xy}}{\partial a}=\sigma_{xx}\frac{\partial}{\partial x}\frac{\partial u_x}{\partial a}+\sigma_{yy}\frac{\partial}{\partial y}\frac{\partial u_y}{\partial a}+\sigma_{xy}\left(\frac{\partial}{\partial x}\frac{\partial u_y}{\partial a}+\frac{\partial}{\partial y}\frac{\partial u_x}{\partial a}\right)$

[*13] ジム・ライス（1940〜）が米国機械学会編集の *Journal of Applied Mechanics* で 1968 年に発表しました．不均質材料のマイクロメカニックス分野の研究者であるジョン・エシェルビー（1916〜1981）によって全く同じ式が 1951 年に求められています．エシェルビーは経路内の全転位に作用する力の総和の x 方向成分として，式 (A.27) を導出し，学術論文誌 *Philosophical Transactions of the Royal Society A* で発表しています．

いま，図 A.6 のように，クラック先端近傍の 2 つの経路 Γ_1, Γ_3 を考える．Γ_1 と Γ_3 をクラック面上の経路 Γ_2, Γ_4 で連結すれば閉じた経路が得られる．閉じた経路のトータルの J は，Γ_i 上での J 積分を J_i とすれば，

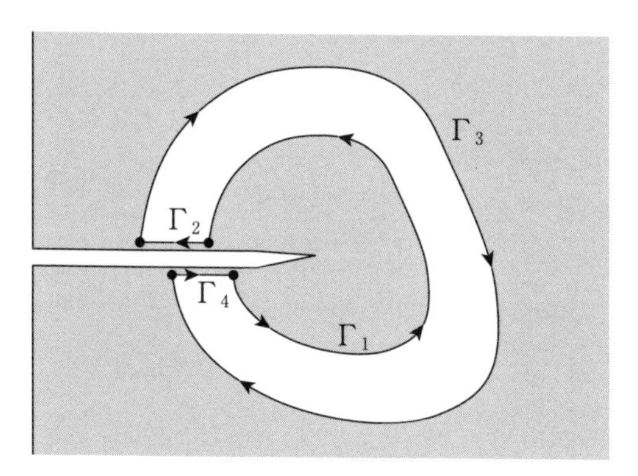

図 A.6 クラック先端近傍を囲む 2 つの積分経路

$$J = J_1 + J_2 + J_3 + J_4 = 0 \tag{A.28}$$

で与えられ，クラック面上では $T_x = T_y = 0$, $\mathrm{d}y = 0$ であるので，$J_2 = J_4 = 0$ となり，$J_1 = -J_3$ が得られる．したがって，クラックを囲む任意の反時計回りの経路では，J は同じ値となる．すなわち，経路 Γ はクラック先端を囲んでいればどのようにとっても J の値は変わらないので，J 積分は経路独立積分と呼ばれる[*14]．クラック先端近傍では，応力とひずみが無限大に近づくので，エネルギー解放率を数値計算で精度良く求めることは困難であるが，J 積分は経路を変えても値が変化しない．したがって，クラック先端から十分に離れた経路で積分すれば，J を比較的簡単に評価できる．

J 積分は式 (A.25)∼(A.27) より

$$J = -\frac{1}{B}\frac{\mathrm{d}\Pi}{\mathrm{d}a} \tag{A.29}$$

と定義できるので，エネルギー解放率と等価である．平面ひずみの線形弾性体

[*14] クラックの問題とは関係なく，経路独立積分は，数学的興味として，もっと古くから研究されていたようです．

を仮定し，式 (A.27) に，式 (A.23) と式 (4.8)，(4.15) を代入して整理すると，式 (4.27) と同様の

$$J = \frac{(1-\nu^2)K_{\mathrm{I}}^2}{E} \tag{A.30}$$

が得られる．

A.3.2　J 積分と荷重–変位曲線

線形弾性体の場合，J 積分の計算は比較的容易である．しかし，材料が非線形挙動を示す非線形弾性体の J 積分については，計算が多少複雑である．

J 積分の値は，経路に依存しないので，可能な限り簡単になるように経路を選択し，有限要素解析などにより変位や応力・ひずみを経路に沿って求め，式 (A.27) から得ることができる．

本項では，J 積分の値を荷重–変位曲線の面積から求める方法について述べる．いま，クラックを有する厚さ B の非線形弾性体を考える．J 積分は，クラックが単位面積当たり増大したときの外力と平板を合わせたエネルギーの変化量として定義できるので，3.1.3 項と同じように考えることができる．図 A.7(a) のように荷重一定条件下では，式 (3.7) は，式 (3.5) を考慮して

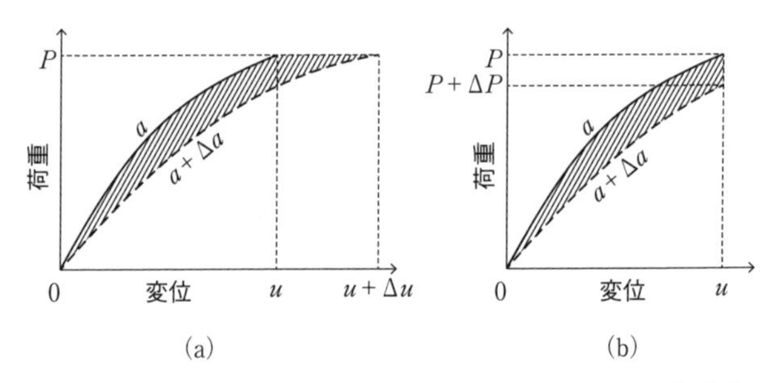

図 **A.7**　非線形材料のクラック進展による変位増大と荷重降下

$$\Delta\Pi = -\Delta W + \Delta U = -P\Delta u + \Delta U = -\Delta U^* = -\int_0^P \Delta u \mathrm{d}P \tag{A.31}$$

となるから[*15]，これを式 (A.29) に代入して，

[*15] U^* は縦軸 P で積分して求めるひずみエネルギーです．U は横軸 u で積分して求めますよね．

$$J=-\frac{1}{B}\lim_{\Delta a\to 0}\frac{\Delta\Pi}{\Delta a}=\frac{1}{B}\left(\frac{\partial}{\partial a}\int_0^P \Delta u\mathrm{d}P\right)_P=\frac{1}{B}\int_0^P\left(\frac{\partial u}{\partial a}\right)_P\mathrm{d}P \quad \text{(A.32)}$$

と書ける．すなわち，J 積分の値は，図中の斜線部の面積に等しい．一方，図 A.7(b) のように変位一定条件下では，$\Delta W=0$ であるから，

$$J=-\frac{1}{B}\lim_{\Delta a\to 0}\frac{\Delta\Pi}{\Delta a}=-\frac{1}{B}\left(\frac{\partial}{\partial a}\int_0^u \Delta P\mathrm{d}u\right)_u=-\frac{1}{B}\int_0^u\left(\frac{\partial P}{\partial a}\right)_u\mathrm{d}u \quad \text{(A.33)}$$

となる．式 (A.32)，(A.33) より同一の試験片でクラック長さの異なる場合の荷重–変位曲線を求めることにより，J 積分を評価することができる．

A.3.3　曲げ試験による J 積分の評価

いま，図 A.8(a) に示すように，長さ a のクラックを持つ厚さ B の試験片が曲げモーメント M を受けている場合を考える．図中，b はリガメント長さである．板が曲げモーメント M を受けるとき，角度 θ だけ変位する．このときの J 積分は，式 (A.32) において荷重 P を曲げモーメント M で，変位 u を回転角 θ で置き換えればよく，

$$J=\frac{1}{B}\int_0^M\left(\frac{\partial\theta}{\partial a}\right)_M\mathrm{d}M \quad \text{(A.34)}$$

で与えられる．上式を変形すれば，

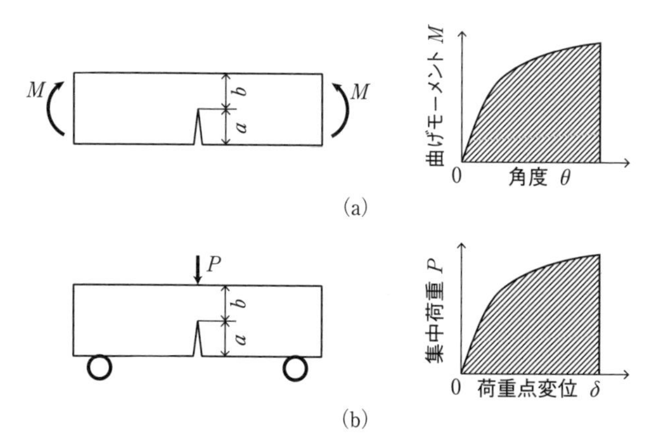

図 **A.8**　曲げを受ける切欠き試験片と J 積分

$$J = \frac{2}{Bb}\int_0^\theta M\mathrm{d}\theta \tag{A.35}$$

となる[*16]．図 A.8(b) のように，曲げが集中荷重 P で与えられる場合には，曲げモーメント M を集中荷重 P で，回転角 θ を荷重点変位 δ で置き換えればよく，

$$J = \frac{2}{Bb}\int_0^\delta P\mathrm{d}\delta \tag{A.36}$$

となる．したがって，実験中に曲げモーメントと回転角の関係あるいは荷重と荷重点変位の関係が得られれば，その曲線下の面積より，J 積分を評価することができる．いいかえると，1 本の試験片の結果から直接 J 積分の値を求めることができる[*17]．

A.3.4　弾塑性破壊じん性

非線形弾性体がモード I 形式の負荷によって破壊する条件は

$$J \geq J_{\mathrm{Ic}} \tag{A.37}$$

で与えらる．ここで，J 積分の臨界値 J_{Ic} は，**弾塑性破壊じん性値** (elastic-plastic fracture toughness) と呼ばれ，弾塑性破壊じん性試験（J_{Ic} 試験）から求められる[*18]．

J_{Ic} を求めるための試験片は基本的に破壊じん性試験と同じであるが，CT 試験片を用いる場合は側面にサイドグルーブと呼ばれる溝が入れられる．これにより，クラック前縁が平面ひずみ状態に近づいて比較的真っ直ぐになる．

図 5.1(c) のように，クラックが鈍化すると，クラック前方に微小な穴が生じ，鈍化部分と合体してクラックが安定に進展する．これを安定破壊と呼ぶ．このクラックの安定進展が開始したときの J 積分が J_{Ic} の候補となるが，図 6.4 に示したような P–V 曲線からは判定しにくいため，複数の試験片の除荷後の破面から推定した Δa と J 値との関係から外挿する方法がとられている．

---

*16　計算の過程は例えば参考文献 [21] を参照して下さい．
*17　ライスらの研究グループが 1973 年に ASTM の技術論文で提案しました．
*18　文献 [7] を参考にして下さい．

文　献

[1] 石田誠，き裂の弾性解析と応力拡大係数，培風館，1976.
[2] 岡村弘之，線形破壊力学入門，培風館，1976.
[3] D. Broek, Elementary Engineering Fracture Mechanics 4th ed., Kluwer Academic Publishers, 1986.
[4] Y. Murakami, Stress Intensity Factors Handbook, Volume 1, Pergamon Press, 1987.
[5] Y.Murakami, Stress Intensity Factors Handbook, Volume 2, Pergamon Press, 1987.
[6] 石川廣三訳，J.E. ゴードン著，構造の世界—なぜ物体は崩れ落ちないでいられるか，丸善，1991.
[7] JSME S001, 弾塑性破壊靭性 J_{IC} 試験方法（増補第 1 版），日本機械学会, 1992.
[8] Y. Murakami, Stress Intensity Factors Handbook, Volume 3, The Society of Materials Science, Japan & Pergamon Press, 1992.
[9] 小林英男，破壊力学，共立出版，1993.
[10] 村田雅人，弾・塑性材料の力学入門，日刊工業新聞社，1993.
[11] 日本材料学会編，疲労設計便覧，養賢堂，1995.
[12] 岡田明，セラミックスの破壊学—脆性破壊のメカニズムとその評価，内田老鶴圃，1998.
[13] 星出敏彦，基礎強度学—破壊力学と信頼性解析への入門，内田老鶴圃，1998.
[14] JIS G 0564, 平面ひずみ破壊じん（靱）性試験方法, 日本規格協会, 1999.
[15] K.G. Budinski, M.K. Budinski, Engineering Materials, 6th ed., Prentice Hall International, 1999, p.46.
[16] W.D. Callister, Jr., Materials Science and Engineering: An Introduction 5th ed., John Wiley & Sons, 2000, p.200.
[17] 萩原芳彦，鈴木秀人，よくわかる破壊力学，オーム社，2000.
[18] Y.Murakami, Stress Intensity Factors Handbook, Volume 4, The Society of Materials Science, Japan & Elsevier Science, 2001.
[19] Y. Murakami, Stress Intensity Factors Handbook, Volume 5, The Society of Materials Science, Japan & Elsevier Science, 2001.
[20] 進藤裕英，線形弾性論の基礎，コロナ社，2002.
[21] 東郷敬一郎，材料強度解析学—基礎から複合材料の強度解析まで，内田老鶴圃，2004.
[22] S. スレッシュ，岸本喜久雄監訳，材料の疲労破壊，培風館，2005.
[23] 日本材料学会編，改訂 材料強度学，日本材料学会，2005.
[24] ASTM E1820-06e1, Standard Test Method for Measurement of Fracture Toughness, ASTM International, 2006.
[25] ASTM D5045-99, Standard Test Methods for Plane-Strain Fracture Toughness and Strain Energy Release Rate of Plastic Materials, ASTM International, 2007.
[26] 小林英男編著，破壊事故—失敗知識の活用，共立出版，2007.
[27] 日本材料学会疲労部門委員会編，初心者のための疲労設計法，日本材料学会疲労部門委

員会，2007.
[28] T.L. Anderson 著，粟飯原周二監訳，金田重裕，吉成仁志訳，破壊力学—基礎応用（第3版），森北出版，2011.
[29] 中井善一，久保司郎，機械工学基礎課程 破壊力学，朝倉書店，2014.
[30] 成田史生，森本卓也，村澤剛，楽しく学ぶ材料力学，朝倉書店，2017.

索　　引

■欧　文

■あ　行

■か　行

■さ　行

■た　行

■な　行

■は　行

Memorandum

Memorandum

Memorandum

著者略歴

成田史生（なりた ふみお）

1969年　青森県に生まれる
1998年　東北大学大学院工学研究科博士後期課程修了
現　在　東北大学教授（大学院環境科学研究科先端環境創成学専攻）
　　　　博士（工学）

大宮正毅（おおみや まさき）

1972年　新潟県に生まれる
1998年　東京工業大学大学院理工学研究科修士課程修了
現　在　慶應義塾大学教授（理工学部機械工学科）
　　　　博士（工学）

荒木稚子（あらき わかこ）

1976年　千葉県に生まれる
2001年　東京工業大学大学院理工学研究科修士課程修了
現　在　東京工業大学教授（工学院機械系）
　　　　博士（工学）

楽しく学ぶ **破壊力学**　　定価はカバーに表示

2020年4月5日　初版第1刷
2023年6月25日　第3刷

著　者　成田史生
　　　　大宮正毅
　　　　荒木稚子
発行者　朝倉誠造
発行所　株式会社 朝倉書店
東京都新宿区新小川町 6-29
郵便番号　162-8707
電　話　03(3260)0141
FAX　03(3260)0180
https://www.asakura.co.jp

〈検印省略〉

中央印刷・渡辺製本

ISBN 978-4-254-23148-9　C 3053　　Printed in Japan